恋爱蛀牙　必须自拔

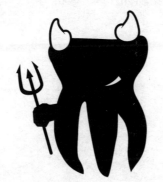

坏蓝眼睛

著

重庆出版集团 重庆出版社

图书在版编目(CIP)数据

恋爱蛀牙 必须自拔/坏蓝眼睛 著. – 重庆:重庆出版社,2011.4
ISBN 978-7-229-03906-6

Ⅰ.①恋… Ⅱ.①坏… Ⅲ.①爱情—女性读物
Ⅳ.①C913.1

中国版本图书馆 CIP 数据核字(2011)第 046961 号

恋爱蛀牙 必须自拔

LIAN AI ZHU YA BI XU ZI BA

坏蓝眼睛 著

出 版 人:罗小卫
策　　 划:华章同人
特约策划:杨鑫垚
责任编辑:刘学琴
特约编辑:张慧哲　刘美慧
责任印制:杨　宁
营销编辑:田　果　闫国栋
封面设计:门乃婷装帧设计

重庆出版集团
重庆出版社　出版
(重庆长江二路 205 号)

三河九洲财鑫印刷有限公司　印刷
重庆出版集团图书发行公司　发行
邮购电话:010-85869375/76/77 转 810
E-mail:bjhztr@vip.163.com
全国新华书店经销

开本:880mm×1230mm　1/32　印张:8　字数:142千
2011年6月第1版　2011年6月第1次印刷
定价:26.00元

如有印装质量问题,请致电023-68706683

推荐序：幸福就是找对人

世纪佳缘网站有一位化名"杜拉拉"的女孩，性格能力学历都很不错，但是33岁了，而且相貌很平凡，两年下来，寻寻觅觅，那个优秀而成熟的另一半依然没有出现。她一度觉得很迷惘，向我倾诉自己的苦恼，她看得上的别人又看不上她，给她写信的她又没感觉。

我鼓励她说，幸福就是找到那个正好能欣赏你的优秀男人。比如100个优秀的单身男人，也许有95个会在乎女孩的相貌年龄，但一定还有5个，更看重女孩子的品性、智慧、内涵。可惜他们的比例也许只有5%，但是每个人只需要找到一个就够了。

对于她而言，幸福的关键就是找到这5%的能够欣赏她优点的男人并且从中挑选一个，所以她需要编织一张更大的网。因为她自身的条件已经不可能发生变化，只能是更加积极和主动，谁说缘分可遇不可求，幸福从来都是要我们自己去努力寻找的，而且要找对人。

"杜拉拉"花了几个月的时间精确搜索，并且主动给1200多个候选对象发信，收到200来封回信，加了80多个网友，见了30多个人，最后，找到了爱情方程式的"最优解"，幸福地闪婚。

一个人眼里的丑小鸭，也许就是另一个人心目中的白天鹅。像收听电台的节目，"对"上爱情的频率是最重要的，没对上，无论如何也难以圆满。

看看你身边的这个人，你找对了频率吗？如果没有，你的爱情，是不是很像一颗烦人的蛀牙，不是病，却很要命。

世纪佳缘婚恋专家团专家坏蓝眼睛的这本新书《恋爱蛀牙 必须自拔》想要告诉你的正是：健康的恋爱，当然要先爱自己，再爱别人，在寻找中不断完善自身。如果你身边的那个人，只是食之无味、弃之可惜的鸡肋，还有什么比果断道别更好的办法？若等到两人因为一场恋爱，而串连成家庭的合体，后又开枝散叶，再想拔出那颗惹麻烦的蛀牙时，付出的代价可要惨痛许多！

所有选择，导向不同的人生结果。有时候，爱情就像是幸运的闪电，要想被它劈中，就要有在雷雨之中奔跑的魄力。它包括从人海中找出唯一的坚定信念，与对自己狠心、转身离去的决绝。"挥别错的，才能和对的相逢"，只有当断则断，绕开爱情路上的障碍和陷阱，才能收获专属于自己的美满。

爱情是生命中最大的惊喜，幸福就是找对那个人，安稳地过上一辈子。

龚海燕

网络第一红娘小龙女

世纪佳缘网站创始人兼 CEO

北京大学文学学士　复旦大学媒介经营管理硕士

2003 年创办世纪佳缘网站　现已成为中国婚恋网站的旗帜

推荐语

坏蓝眼睛层层剖析了恋爱的浮华与本质，告诉我们该如何顺利收获真情并持续拥有真爱。只不过智慧的东西总会伴随着尖锐和刺痛，幸运的是，终会有一份美满作为报偿。

——著名情感专家　辛唐米娜

无知无畏某些时候是福，可惜爱情这东西太金贵，不允许我们一直发晕犯傻。想要不糊涂，最好的办法就是对症下药。人常说，吃什么补什么，读什么懂什么。在爱情的海洋里，我们都是小学生，那不妨来看看模范生的作文《恋爱蛀牙 必须自拔》。

——著名导演　英达

坏蓝眼睛以她的敏感、性灵、直言无讳，在同一代的女作家中显得卓尔不群。

言辞犀利，解析独到，坏蓝眼睛指出了恋爱中存在的种种隐忧，让人不免心生悲凉；好在她顺手拨开眼前的迷雾，告诉我们男女之间博弈的技巧。爱情的国度里每一个人都是平等的，只有相爱的人才会自我修炼、珍惜对方。

坏蓝眼睛写了一本跟蛀牙有关的书，说是有蛀牙必须学会自我拔牙。这是违反常识的说法，多数蛀牙要靠外力拔除才能不再作乱，只有少数蛀牙靠龋洞大到与神经短路来绝缘痛苦。虽然坏蓝的医学知识不够多，但她的内功相当深，是国内少有的流畅派情感作家，特点是对情感龋齿一拔一准儿，深受广大女性欢迎。

爱情里容不得半分揉沙、揣度、迟疑、犹豫、将就。早发现、早诊断、早治疗，拔除那一颗没有任何理由留下的蛀牙，得到执子携手的圆满后，你会惊异地发现，那疼痛早已带着记忆中的感动，静静地流向幸福盛开的藕花深处……

我很喜欢坏蓝，最主要的原因是她的一个特质，和她这本书里的文字表达出来的一致：真实不矫饰。这个优点在这个年代能写点字的所谓美女作家里是多么难得，只有你跟我一样，接触一大批作家之后才有资格说。这本书的很多道理是摆明的，但她还是很耐心地跟女孩子们再说说。但是这本书不能解决所有恋爱问题的，因为女人没有爱情的梦，日子会太难过。之所以建议女孩买回去看看，是因为清醒之下做梦，梦醒的时候会疼得不那么厉害，这也值得了吧。

——资深媒体人、《花溪》杂志前主编　齐鑫

　　爱情是什么？这个问题其实根本就没有答案。然而，坏蓝眼睛用她的睿智以及敏锐的洞察力，加上女人天生的敏感，将爱情的种种分析得透彻见底，尽管语言有时候比较尖锐甚至是尖刻，但就如同这本书的书名一样"爱情蛀牙必须自拔"。读这本书也是必须的，无论你是已在恋爱中还是即将恋爱，抑或是已步入婚姻，我想，读完这本书，受益匪浅的不仅是爱情本身……

——著名专栏作家　胡元骏

　　严正声明，就算你已经熟读了坏蓝眼睛的作品，启动了"先完善自我，再改善情感"的程序，也不要妄想从此苦尽甘来收获一劳永逸的恋

爱——日子还长，爱情之花需要不断用人生的经验与智慧来灌溉。

——17K 小说网总编　血酬

坏蓝眼睛是位十分有个性的女子，文字干净、细腻，而又总能一语中的抑或一针见血，犹如她本人。建议选一个悠闲的午后，轻轻打开这本书，随她循着情感喜悦或忧伤……

——悠视网运营副总裁兼总编辑　柳绪纲

当爱情走过恋爱，或许是欢喜冤家，或许在默读伤悲，还是让坏蓝眼睛来告诉你爱情的真相吧：我爱你不是因为你是谁，而是我在你面前可以是谁。

——专栏作家，《花样盛年》主编　四少

爱情有道理吗？爱人之间需要讲道理吗？"我爱你"是不是一句废话？坏蓝眼睛是你们的第三者，你们共同的朋友。心里话，不好说，请等她来告诉你。

——中国著名广播节目《说唱三千里》主持人、DJ 作家　崔鹏

我们都是小心眼儿，这是被生活给逼出来的。与其纠结，不如纠集起来看坏蓝眼睛的文字。蓝眼睛就是坏了也是蓝眼睛，是一种比较宽阔的颜色。和这种颜色谈恋爱，就好像在悬崖上的玻璃房子里待着，危险

近在咫尺却安然无恙。空间还是那逼仄的空间，小心眼儿却不见了！

——中国著名广播节目《说唱三千里》主持人　曾克

坏蓝眼睛总是能一眼看破熙熙攘攘的城市下凡俗饮食男女的爱情与欲望，用犀利的笔触，揭穿"爱情"的全部真相。

——PClady（太平洋女性网）情感频道的主编　美索

字字凌厉，句句见血，但与其说是根利刺，不如说是枚钢针。不是简简单单谈情说爱，那枚针的内里缠着医者的柔情。

——武汉晨报文化部副主任　汪鹃

坏蓝眼睛的文字犀利、有趣、直接，像一把手术刀，让疼痛无处藏身，对于热恋中的男女很有警示作用，不懂恋爱的话，就去读坏蓝眼睛吧！强力推荐！

——《精品购物指南.ME TIME 健康派》主编　宋晓鸣

小时拔牙，痛，抱着妈妈哭得涕泪横流，以后一定爱护牙齿……长大失恋，痛，对着姐妹笑得若无其事，以后一定爱护自己……该来的痛迟早会来，但是，比麻木好！

——海峡卫视《微博超级大》制片人、主持人　赵娜读坏蓝眼睛的文字，每一次都被感动。她无疑是个目光犀利天资聪慧的女子，读她的文章会为她清丽的文字着迷，那些用心浇铸的字句，因着作者的用心，很轻易地拨弄读者心底的那根琴弦。她的情感文字，无疑具有神奇的力量，往往能击中问题的要害，正所谓良药苦口，鞭辟才可入里。她的文字适合在静夜里赏读，既是细腻柔肠，又是那么触目惊心，生活中的美好和遗憾同时暴露无遗。她把充满感伤和激动的见解推向我们的时候，总能准确无误地唤醒每个人内心深处的柔软部分，给渐行渐远的青涩回忆涂上暖色。

——诗人、知名评论家　任知

喜欢看坏蓝眼睛写感情的文字，这个小女子太过聪明和敏感，她的文字因洞悉而犀利，因理性而残忍。她总喜欢揭开男女之间那层温情脉脉的面纱，给你看里面带着血色的真相，即便你逃开，也知道，她是对的。

——环球网新闻频道主编　胡琛琛

坏蓝眼睛，男女关系专家一枚。常年笔耕，书中作乐。阅人悦己，阅己悦人，尤其对男女情事精于梳理盘。此番揽众美文结集出版，对于在情网中沦陷溃败内火攻心的青年人来说，定是一剂活血化瘀、清心明目的良药。

——BTV 导演　张一驰

自序：爱情是件很玄妙的事

这几年因为写爱情小说的缘故，经常会收到一些读者的来信，除了表达他们对作品的见解之外，更多的是向我请教感情问题。

有点诚惶诚恐，不觉得自己已经有资格担任别人的爱情顾问，只是把个人对事情的一些看法告诉他们，没想到得到了普遍性的认可。恰逢有杂志和报纸邀请我开情感专栏，坏蓝眼睛也就比较正式地研究起男女关系和深奥莫测的恋爱玄理。

爱情发生在每个人身上，却给了每个人不同的感受和理解。你遇到了什么人，你们发生了什么事，你们用什么样的态度处理，以及外因给这段关系造成的影响……这其中还关乎彼此的生长环境、价值观念，甚至星座血型等诸多因素。虽然一段恋情只有相爱或分手这两种结局，但其中丝丝牵连绝不是那么简单。因为没有标准答案，所以更显神秘莫测。很多人在爱情道路上遇到了挫折，沮丧不已，所以希望求助他人，一来可以得到正确的指引，二来也可以安慰自己破碎的心灵，不管求助人提供的信息是否准确，对于当事人来说都是很重要的参考。

当然，我至今仍然坚持爱情没道理可讲，不过它的确有规律可循，总结教训，避免重复犯错，尽快找到心满意足的 Mr.Right，算是我们共同的理想和目标吧。

"这世上难以自拔的，除了牙齿，还有爱情。"事实上，那些让我们痛彻心扉的蛀牙，最终都是我们自己主动要求拔掉的——只有那一刻的心狠，才能换得日后的心安。同理推演，对待弄"疼"我们的爱情，也应该抱有这样的态度。

恋爱蛀牙必须自拔，只有保持清醒和理智，看清楚对方的意图，时刻反省自己是否偏离了健康恋爱的轨迹，及时改掉一些可能会造成危害的习惯，才能够收获一份幸福圆满的爱情。

这不是一本爱情教科书，更不能算是什么恋爱宝典，它只是我这些年来亲历或者旁听的爱情经验和总结，若有失偏颇，敬请谅解。它未必能解决你的切身之痛，只能告诉你什么样的人不能爱，什么样的爱不能碰，什么样的方式是错的，什么样的理解是偏的；当然，这些都是我的私人观点，只能作为参考，如果你恰好遇到了难以解决的感情问题，恰好我的观点让你觉得有道理，这本书就有了它的意义。

这本书的出版，必须要感谢策划编辑杨鑫垚先生，以及为这本书的出版奔忙的所有人，如果没有你们，没有这样的机缘存在，这本书还不知道什么时候才可以跟读者见面。一本书的出版既是新生，也是曾经，但愿这本书总结出来的规律能够帮助饱受困扰的人，给尚未出现问题的爱情一点小小的提醒。

最后祝福天下有情人，相亲相爱，终成眷属！

目录
CONTENTS

第一章

别指望他们许你个未来

灾难性多情男人

爱情这件事很玄妙。

玉女总会爱上浪子，王子则钟情灰姑娘。一位诗人甚至写道：少女们把心捧在手中，等到强盗来袭。心理学家也说：与自己完全不同类型的人的出现，很可能会激发爱情。但事实往往证明，爱上不该爱的人，收获的可能是大把眼泪。

爱上强盗不可怕，最多是离经叛道享受爱情刺激。不过说起一种男人，如果女人遇到了可能就是灭顶之灾。

他喜欢鲜花，更迷恋旧草；知道花朵芬芳迷人，亦懂得旧草价值不凡；他信赖爱情，也依赖亲情；他对每个人都那么认真，偏偏不晓得该如何面对纷繁复杂的情感世界。于是，他的被动造就了一个两个甚至多个女人的悲剧。

这样的男人，一边让女人沉醉于自我的独领风骚，另一边又要不断修正感情的承受底线，直到全面崩溃。面对他多情更似无情的嘴脸，曾经的山盟海誓仿佛还在耳边。可是，这些亦梦亦幻的话他究竟在多少个女人耳旁说过？他给女人造了一个梦，想把大家都灌醉在梦里，把现实的"责任"推到九霄云外。

这样的男人并不少见，女人面对他们咬牙切齿不知所措。新花深信他对自己情有独钟，旧草也不怀疑他会背叛多年的苦心经营。他让她们都有安全感，其实却把她们领到了悬崖边，结局如何他不想再管——我爱你们每一个，如果信任我，就允许我把爱分成一小块一小块，各自沉湎吧。如果不认可我的博爱，要么离开，要么自己去谈判吧。

于是闹剧上演，明明是他搅乱了一池清水，却让女人们互相仇恨，互相指责，互相唾骂，互为敌人。

遇到这样的男人，对新欢旧爱都是一场灾难，谁能保证他的感情规规矩矩？他的花园里随时移入新品种，但旧品种也在发芽。他像个博爱的上帝，却不能给他的子民独一无二的承诺，他以爱的名义要挟，把难题抛给女人，自己却充当无辜的避难者。傻女人们，不要天真到以为退步就会有爱，一味的退步只能让他变本加厉放肆不已。

与其去恨被他爱着的女人，不如揭下他伪善的面具。尊重自己的感情，拖延只会伤痛。你以为软弱和善良会唤起他的良知，换回同等价值的爱，醒醒吧。在滥情的他看来，感情实是一场游戏、一场梦，不同的人游戏、不同的人做梦。

　　遇到这样的男人，新欢不必得意，用不了多久，你就会褪色成旧爱，也会有一样的命运，也会被同样摆在"不同意就滚蛋"的位置；旧人也不必难过，自有人前赴后继，只要你能看清楚他的真面目，就不会死在沙滩上……

　　这一切，只因为你们爱上的男人，不可靠。

扬扬得意的钻石王老五

有一种男人，总觉得自己依然年轻，想笑又不敢笑，一笑满脸褶子。常常以"事业有成、气质不凡"的姿态亮相，名义上一直单身，其实身边从不缺少女人。但在很多年轻女人的心目中，他们却被统称为"钻石王老五"。

实际上，大部分的钻石王老五根本没什么钻石，就算有几克拉也未必真能给你戴上！年轻女人，总是天真得令人发寒。他们不过是一些心态变老、心理阴郁、心眼太多的男人，说句难听的，就是没人愿跟的老光棍！

大概是 2000 年，我跟一个大学同学去旅行，在郑州遇到一个钻石王老五。那个时候的我很傻很年轻，觉得所谓的成熟男人，必有着摄人心魄的魅力——那眉宇间隐藏了太多故事，一声叹息里传递出无限睿智。

他对我们讲起了个人传奇的一生——什么行侠仗义，妻离子散，什么壮志未酬，老骥伏枥，行至伤心处不免滴几滴清泪……我们如坠云雾，肃然起敬。但他话锋一转，将频道切换到如何跌宕情场，女人如何为之折服，而他却万花丛中过，片叶不沾身。

简直有着楚香帅的气场！

后来的故事无需赘言，他越说越离谱越得意扬扬，拥有着该星座男人不可思议的自信和鲁莽。我们也就开始由崇拜变为怀疑，最后得出结论，此人患有极度狂想症。

很多钻石王老五都有这样的通病，年龄摆在脸上，喜欢有事没事玩玩沧桑，甩出不屑一顾的眼神，清算几段坎坷传奇的经历，以示自己是多么风趣幽默，多么语重心长。

谁还没点儿可足道哉的往昔，哪至于煞有介事地拿出来显摆？

当然，有的王老五也确实不错，他们为人处世分寸感极强，懂得低调谦让，虽然一直单身，并非意在便于猎艳，而是历经未果的恋爱之后，正在等待真爱来敲门的时刻。

我一直建议找年纪相当的人恋爱，因为年纪相仿经历相似，彼此可以一起成长，一起感受生活的幸福和困苦。你以为成熟男人有多好，他们心眼多到吓死你！要知道，那所谓的成熟，是经历了多少女人才磨炼出来的，你好好一个年轻纯洁的女孩子，为什么执迷于一个阅女无数的家伙？

事实上，某些热衷追逐钻石男的女孩子，只是为了坐享其成。

自己不用受苦受穷，不必跟他一起去与生活搏斗……其实，每个人的福气是有定数的。不要整天梦想一"嫁"永逸，无论未来的老公多么富贵，谁能保证你的一生？自己要有赚钱的本事才能幸福一辈子。

　　玩感情游戏也需要棋逢对手，那些怀揣纯情小说情结的女孩请一定要擦亮眼睛。这世界上值得你去奉献的还有很多，为了男人奉献，尤其是那种得意扬扬的钻石王老五，未免太过轻率了。待时过境迁，他想必也会谈起你，炫耀中绝无半点感激，你不过是帮他完成了"情场老手"的角色塑造而已。

他游戏里的女主角

　　相传，西王母跟前来朝拜的周天子有过一面之缘，两个人相见甚欢，情意绵绵，海誓山盟，共谱了一部爱的恋曲。周天子临别许诺三年后会再来探望，当然，故事的结局是，周天子没有兑现诺言，原因不得而知。

　　古代有个才子叫李益，自恃才高八斗，貌比潘安，称得上一代风流凤凰男，因此总是看不上身边的平凡女子，发誓要找一个才貌双全的伴侣，成就一段才子佳人的美誉。于是他认识了美艳多情的名妓霍小玉，两人恩恩爱爱欢欢笑笑。再后来他考取了功名，娶了门第相当的大小姐，从此过上了幸福的生活，却把苦等他的霍小玉活活给气死了。

　　在《我和春天有个约会》拍摄期间，片中演员江华和邓萃雯双双坠入爱河，甚至有记者拍到他们同居一室尽情欢爱的照片。面对绯闻，女主角选择了勇敢地面对，她愿意守护真爱；而男主角却高调挽着爱妻，一本正经地向公众宣布：是她勾引我！

很多爱情发了霉，原因就是明知道游戏一场，却不小心认了真。

成年人的游戏中，男欢女爱最令人痴狂，有的人一辈子编制游戏孜孜不倦，有的人一时好奇偷尝禁果。既是游戏，就会有规则，就有结束的时候。偏偏有人不肯照章办事，刹不住自己的车，迸出了真情，对方却丝毫不为所动，反而逃之夭夭。你还在前台顾盼流连，他早已卸妆离场回归本位该干吗干吗去了。

于是，痴男怨女戏从古到今，从中到外，屡屡上演，从无间断。

霍小玉爱上了李益，因为她相信世间会有奇迹；邓萃雯爱上了江华，因为她并不以为他们之间只是拍戏空当寂寞的游戏；至于西王母永远也没有等到周天子，是因为她不愿意相信，她只是他旅途中一次美丽的艳遇。

很多人以感情为生，以为缘分会在下个街角。可是她们永远都不愿意相信，这只是一厢情愿的假设罢了。那个所谓的"爱人"，其实对于爱情本身并没有多大兴趣，即使真感兴趣，对象也不一定会是你。

尽管由一夜情缘发展成为情侣的案例足够编成一本教科书，但你能把自己的未来寄托在这等"浪漫"身上？毕竟不是所有的女人都能拥有安吉丽娜·朱莉的魔力，轻松地把世界级大情人从相爱多年的妻子手中夺走。

选择做他游戏里的女主角，首先要警告自己不许动情。如果不小心情不自禁却得不到对方的回应，也不要抱怨全世界都亏欠了你，因为这本就是一个自愿投身的免责游戏，与别人毫无关系。

女朋友的男朋友

有的男人天生风流，以为自己魅力无边，可以傲视身边一切女性，哪怕是已有正式的女朋友在旁，眼睛也忍不住东瞄西瞥，捕获一切爱的可能。

这种男人的女朋友往往是软弱型，明知道他是什么德行，却每每因为爱之深切，采取了容忍姑息的策略——浪子嘛，终究会回头的。所以她们的姿态往往是就地稍息，并为这伟大的行为取名"守护爱情"。

还有的女孩子尚未觉察出身边男人的圆滑，被他的花言巧语轻易欺骗。因为生性善良，认定了恋爱中必须以信任为交往准则，却不知道自己其实像玻璃娃娃一样，被罩在透明的世界里，而外界已经一片狼烟。

如果某天与这号男人邂逅，对方妄图以甜言蜜语和流动的眼神让你臣服，你会选择享受忽明忽暗的香艳刺激，还是把他的面具踩碎在高跟鞋下？

《色戒》中的女学生王佳芝，跟易先生于一大堆太太中互通情愫，成就了一个辛酸的故事。现实不是小说，我们也许有勇气俯身去嗅表面之外的暗香，但是否有能力拔出暧昧之后留下的刺？

如果你的女友对风流男友不闻不问，你是否忍心看她纠缠在三人关系中刺痛？假使你的女友是那可怜的玻璃娃娃，你又如何配合花心男人，在玻璃瓶之外演绎并不美好的舞蹈？

骚扰来自女朋友的男朋友，选择隐瞒不外乎下列情形：

首先是碍于情面。认为有了这样的尴尬，如果说出来，即使事件平息，再度相逢时，好友关系恐怕也难以为继。于你来说是有点羞愧，对她则是颜面扫地的丑闻，尤其还在你面前大秀过恩爱……有人说，在爱的人面前无所谓尊严，但是在朋友面前，一般女人都不愿意丢脸。所以，友谊真的会因此碎裂一地。

再则，很多时候，你可能没有自信跟女朋友的男友争信任。固执的女朋友不会轻信你的话，反而觉得你自作多情；人品低级的男人，更会扮演无辜反咬你一口。除了友情被撼动，你可能还会身染不良之誉。自己揭穿了这件事，最终却落得两头埋怨，所以很多人假装一切都没发生过。

最可怕的是，你很享受偷偷摸摸的感觉，愿意跟那个坏蛋发展一点点关系，哪怕仅仅是一夜痴狂。心里明明知道靠不住，偏偏又很享受奇怪的牵连。或许是爱情小说看多了，或许是被浪漫电影蛊惑，总觉得那种不符合常规的恋爱，才会有令人心跳的快感。

耐心思量，配合坏男人来蹚浑水，其结果极可能是两败俱伤——一来折损了自己的感情和尊严，二来伤害了无辜的女朋友。不要指望他会为了你离开别的女人，你不过是他众多猎物中的一个而已。

与其隐瞒，不如把真相直接告诉那个傻傻的女人，即使最终她与你决裂，也应该勇敢地讲出来！至于她的选择，或者抛弃或者教训，并不需要你去关心。

智斗＂奶嘴男＂

万芳有一首歌叫《孩子气》，唱的是拥有赤子之心的男人很可爱。

歌曲终归是歌曲，"孩子气"也要适可而止。如果遇见某个奶嘴还含在口中的男人，恐怕就浪漫不起来了。

"奶嘴男"的特征其实很明显，一把年纪了还拿妈妈的话当圣旨，从来没有自己当家做主的习惯，也没意识到自己已经成年，是男子汉，是伟丈夫，必须承担起家庭的责任。他很可能连双袜子都没洗过，更别说洗衣服做饭了，他理所当然地认为这都不是他应该干的事。

他甚至不会关心你的喜怒哀乐，因为习惯了别人总是照顾他的情绪，一旦遭遇到生活难题，他也会一如既往地任性甩手，表示自己不玩了，你只好俯身屈膝代人受过，去收拾那个烂摊子。更可怕的是，如果工作上遭遇挫折，他会很干脆地把养家糊口的重任交付于你。

虽然身体已经发育成熟，可"奶嘴男"的思想仍旧赖在婴儿期里不肯长大。如果你不想将来叫苦连天受尽委屈之后被抛弃，那么赶快拔下他的奶嘴，严肃警告其必须自立自强吧。如果你没勇气一脚把他踢开，拜托你千万想办法让他迅速成熟起来，可以循循善诱，也可以摆明立场，甚至不惜威胁恐吓。

在此奉献四道锦囊，以备姐妹们智斗所需：

第一，放任自流法。

首先要做到心狠手辣，千万别因为他不干，你就大包大揽。臭袜子扔得满屋都是，那就让它们扔着，总有一天他会再没有袜子可穿；吃完饭不刷碗，就让它们泡在水池里，下回吃饭的时候用黏着昨夜米粒的饭碗给他盛——觉得恶心？那么请亲自刷干净……这样做可能会产生一些副作用，但是只要持之以恒，总能让他明白：家务要分工，生活才和谐。

第二，明褒暗贬法。

如果你实在狠不下心放任自流，那就尝试声东击西，有意无意拿邻居或者同事举例，严厉痛斥与他有同样癖好的张三李四王二麻，如何如何不顾家，如何如何不体谅老婆……转头再用欣慰的语气表扬他，相信不管他的表情是否风平浪静，心里总会隐隐不安。

第三，联合对抗法。

对于把他惯成"奶嘴男"的婆婆，不要埋怨指责，想办法让她理解你的苦心，和你站在同一条战线上。让婆婆在你男人耳边吹吹风：应该多赚钱了，应该承担起家庭责任了……"奶嘴男"一般比较赞同母亲的观点。虽然说服他的母亲和你一条心有点困难，但是为了改造效果，费一点心还是值得的。

第四，怨天尤人法。

如果以上方法都不能让他改变，那么只好使出最原始也最有效的一招。适当地耍些小聪明，比如说一边干家务一边感慨工作忙碌，适当地表示自己累了，需要关心和爱护，相信稍微有点良心的男人都不会坐视不顾。假使真遇到了一位拿你的辛苦当油画欣赏的"极品"，请问，你还要他干吗？

要知道，如果你继续扮演"伟大的母亲"这种可笑的角色，他势必会心安理得地做一个拒绝长大的乖宝宝。可是，就算是真正的小孩，断奶后也必须自己进食，这个简单的道理趁早让他明白吧！

玩失踪的，都是混蛋

有一种失踪叫蒸发，有一种男人叫混蛋。

遇到问题不敢面对，也不知如何面对，于是，像屁一样无声无息而去，甚至连点臭味都没留下。

或许过一段时间再露个面，畏首畏尾，缩头缩脑，贱相百出……直到所有人把他淡忘，再心安理得地正式复出。

不单单是男人，有个别女人也喜欢玩这一套。

看新闻，某男人找了一个妻子，先是玩失踪，然后挺着大肚子回来，生产完毕把野孩子留给老实巴交的男人，再玩失踪，连续两次之后，彻底没了踪影。

选择消失的人，往往有着秘密。喜欢跟这个暧昧跟那个甜蜜，哪边都不耽误。苦于分身乏术，无法兼顾，所以才如此这般，至少对一方算是交代。而有的混蛋干脆处处玩消失，真是名副其实的屁人！

存在的时候，把周围人熏得够呛，等大家缓过神来，他已化为微尘飘浮空中，不知道在哪站哪点，又臭别人去了。

放心，假以时日，他还会夹着尾巴回来，只是再回来时，怀里不定多了什么。

正常的人，要挤的话时间总是会有的。

尤其是面对喜欢的人，再忙也会抽身陪伴。躲躲闪闪的人，要么就是看你太烦，找个借口躲你，要么就是心藏机密，哪条船都不想失去。

这种人比绝情更恶心，绝情至少可以给你一个明确的答案，比如说：别缠着我了，我不爱你了，一切都结束了……喜欢玩失踪的人，既不想失去你，又不想承诺什么。

玩失踪的人一般有以下几招把戏：手机永远不在服务区，不想让你知道他住哪里，没有给你看过身份证，说话前言不搭后语，跟你说很忙希望能理解，晚上尽量不要给我打电话……类似种种，都是心怀叵测的人。

较真起来，遍地可笑。

很多人一辈子都不敢诚实勇敢一回。

不喜欢一个人，为什么不敢当面讲个明白，你以为你能伤害到谁？

说来有趣，一般被"飞"的人都很执著，千方百计寻找消失的影子，心里沉甸甸地牵挂，甚至归纳检讨自己到底错在哪儿……

其实你哪里也没错，只是碰到了不靠谱的人，若不一脚把他踢开，就等着他涮你吧！

闺中姐妹认识了一个男人，什么都好，就是一到晚上就手机关机找不到人。终于，女孩长了个心眼，缠绵之后跟踪他。那男人穿街过巷进了某小区，上楼之前掏出手机操作了一番……次日，她花钱请一个民工去敲门，一个居家女人走出来。

如果够聪明，就不要成全这类人的偷腥幻想。

真爱当然值得歌颂，只是如果你的无限深情贴在了臭豆腐上，就甭想什么一派清新。

如果你身边出现这种混蛋，千万别客气，大声说句拜拜，甚至一脚送他去外太空！你要找到一个喜欢的人，他必须爱你、疼你、呵护你，懂得不让你受委屈，这才是硬道理。那种喜欢玩消失的人都是混蛋，他们不配拥有你最纯真的感情。

不过，要是你自己不喜欢安稳，总是跃跃欲试，那就别埋怨命运了，很多时候，自己才是缘分的舵手。

难相处的老实男人

我一点都不相信，那些貌似老实的男人，会真的在感情里保持安稳。

恋爱关系中，旁观者总会很快鉴定出谁是老实人。喜欢说话的那个，往往被认为会欺负另一方，而一旦出现问题，质疑的目光也总会投向惯于张扬的那一位。

有的男人，在恋爱中习惯扮演受欺负的角色，打不还手，骂不还口，时常流露出无辜的表情，把一切错误都默默地推给对方。在取得了舆论优势后，主动权便更加掌握在他手中，就算自己背地里做了一箩筐龌龊的事，只需摆出无辜的扮相，全世界便都会把责备送给另外一个。没错，有时候一万句辩解比不过一张忠厚的脸庞。

话说这"老实人"好像表面上总吃亏，但是吃亏的定义恐怕只有他自己心里明白。

某君，跟某女恋爱数年，一直扮演老实人许仙。女孩子风风火火，心肠很热，给他买东买西，唯恐他穿得过时，吃得不够营养。某君跟女朋友一起出门兜里从不带钱，仿佛付账之事跟他无关，总是以勤俭节约为借口。而那个傻女，一边感慨他的美德，一边更加心甘情愿地奉献。

某君对女友经常疑神疑鬼，偷看 QQ，暗查手机，甚至打出通话明细满足窥私欲，而他自己却跟女人们互发着暧昧的信息，在博客上公然调情。当然，他觉得没什么，只要没当场抓住，一切都不会怎么样。

终于被某女领回家，家人个个赞美，还当着某君的面，教育某女要好好跟他在一起，这样的好男人可不多了云云。

再后来，某君突然提出分手："以前你总说我优柔寡断，这次我有主见了，我们分手吧！因为你家里有钱，你就乱发脾气，以为钱能压住我……每次吵架都是你引起的，所有人都这么说！我没错，我能有什么错？我生平做了第一件有主见的事，就是决定分手。"

真是无懈可击的老实人！原来精明都藏在心里。现在他指责对方发脾气是因为有钱，那为什么当初那么开怀，那么自在，那么怡然地享受消费，完全不考虑有钱人会不会看不起他呢？

对了，某君也并非一毛不拔。话说一次他赚了笔外快，在某女的强烈请求下，买了一款手机送她。从此以后，手机变成伟大的道具，无论什么时候，或者吵架了，或者该送女朋友其他礼物的时候，他就眉一横，嘴一撇，理直气壮委屈无比地说：我还给你买过手机呢！

某女周围的人无数次地暗示和明示过某男，俩人交往时间很久，该考虑婚嫁了。某男总是以"我们还小，前途未卜"为借口拖延，从来不明确结果，但是也永远不会表示拒绝。游走于暧昧之间，还真以为自己是条滑溜鱼了？如今，在分手的面前，谜一样的态度终于有了合理的解释。

其实分手没什么，不合适就分手，但是，将分手的罪过推到某一个人身上，可笑又愚蠢，如同许仙的理由——她是条蛇！

没错，她就是条蛇，你早怎么不嫌弃她呢？理由只有一个，而且是共同的——能捞的时候全力以赴，捞得差不多了再把脸一板，道德正义统统都冒出来了，控诉对方不怎么地，说尽曾经的爱人的坏话，一身轻松地推卸掉所有的责任——好一个老实人啊……

不知道这世界上有多少个许仙，也不晓得有多少条伤心欲绝的白蛇，不幸遇到了这等"老实人"的时候，千万不要心慈手软！既然嫌弃你因钱多欺负他，分手的时候，也就只能算算清楚，良心和脸面，该还回来的，全部打包还回来！

爱上同事等于抱上炸弹

如果办公室是一个战场，同事便是敌人，同敌人谈恋爱，不是等于搂炸弹入怀？

有人认为办公室恋爱很安全，因为同事的收入、人品、业绩等自己都了如指掌。而且从低碳环保角度的考虑，两个人在同一个单位，上下班可以同乘一辆车，吃饭可以共用一套餐盒。最为方便的是，就算有小三出现，一定不会有藏身之处。

等等，这不是在恋爱，更像是寻找另外一个自己！

每天吃饭、去厕所、上电梯、开例会……遇到的全都是他，陌生带来的新鲜感，距离造成的想念，这些感受全然体会不到了。最要命的是，一旦哪天公司出现徇私状况，首先想到的一定是你们俩，所以，很多公司都对办公室恋爱说"不"。

对很多单位而言，办公室是一个残酷的地方，表面其乐融融，私底下却奔涌着比较、竞争、尔虞我诈的暗流……为了利益，背叛本意做不堪的事情，这些恰恰是不愿意让伴侣或者亲人知道的。生存是艰难的，那些容光焕发神采奕奕的家伙，大都不过是戴着面具舞蹈，卸下假面，谁人不是鼻涕一把眼泪一把的辛酸史？

如果是平级同事还好，一旦你爱上的是自己上司，潜规则、假公济私等关键词总会陪伴左右，以后你无论有多大能耐都难逃"受人照顾"的评语。一旦哪天你们关系破裂，还可能会连饭碗一起丢掉，这样的双料打击，不知道你是否可以承受？

如果你不小心爱上一位下属，那下场会更惨。你不但要时刻提防伤害爱人的自尊，更有可能被其他同事看笑话，笑你找一个不如自己的男友。虽然恋爱是谈给自己的，可是被风言风语扼杀的着实不在少数，更有甚者，没准还会编出你养小白脸的恶劣传闻，本来一段很美好的关系，却因为诞生在办公室而千疮百孔，惨不忍睹……

办公室恋爱的弊端还有很多。比如说，如果女同事们跟他调情，你只能打碎牙齿咽到肚子里；又或者单位临时要加班，你们谁都甭想早点回去给孩子做饭；如果公司不幸倒闭，你们俩将一起面临失业的危险……

谈一场"职场恋爱"，宛如抱住一枚炸弹，谁都不知何时何地会轰然作响，轻则灰头土脸，重则体无完肤。当然，世界上从来不缺勇敢的人，如果上述情况你统统不放在眼里，那么就勇敢地抱吧，粉身碎骨也是一种轰轰烈烈的美，而且说不定你抱的是和平与安稳呢。

讨厌的暧昧关系

暧昧是一种非常复杂的关系，介于喜欢和陌生之间，或欲擒故纵，或若即若离，它暗示着对你有好感，但未必真要进一步发展。如果你比他心急，率先表白出来，他大概也不会拒绝。万一将来走到难堪的地步，他无辜的眼神会告诉你，当初是你选择牵手……

遇到这种人就像是水草缠身，离不开脱不掉。你这厢已经堕入情网，只等他驾着祥云捧着鲜花来绽放你们的关系，而他却仍然不冷不热，没有进一步的表示。

对一部分男人来说，暧昧是一种喜欢保持的状态，足够他体验做情圣的快乐——可以交往却不必承诺，可以拥抱佳人却不需要甜言蜜语，可以一起逛街却不必为你买单，可以片刻拥有却不必天长地久……

而对一些心思敏感的女人来说，暧昧如大麻一样，不知不觉地令其上瘾，难以戒除。随之，她会疯狂地投入感情，结果却可能遭遇冷雨。

大多数女人是被文艺作品里那些若有似无的爱情故事催熟的，往往认为激烈明确的爱很傻很天真，而隐忍的情感才够成熟。其实，爱是一件非常简单的事情，他爱你，认为你非常好，感觉不能错过你，就一定会义无反顾地告诉你，哪怕憋到脸红脖子粗也要表达出来。

暧昧则完全相反——不告白，不负责，永远保留希望给对方。如果迷恋文艺作品里的那种细微感受，那你大可以去享受这种折磨；如果想要一份踏实的、确凿的爱，那你就必须将这段被他搞复杂的关系理清。他是不是适合你的人，他是否符合你的标准，你们是否会因为拥有彼此而快乐地生活？如果答案是确定的，那么好，赶快去他的面前，告诉他你的想法。记得贝隆夫人就是这么干的，她之所以能够成为阿根廷第一夫人，正是源于她勇敢地告诉贝隆：我们很合适！

有的男人并不是不想负责任，只是性格太内向太木讷，但是如此一个懦弱没有主见的男人，真的是你想要的吗？恋爱中两个人有的不仅仅是甜蜜，还有互相的承担与扶持，你们会遇到很多难关，更多时候要看他是否能够做你坚实的依靠。

在他暧昧的同时，你的犹豫不决也是一种暧昧。与其被动地等待和揣测，不如在他彷徨无措的时候坚定起来，这样你们的关系就不会继续在暧昧中艰难前行了。

第二章

细思量，爱情的本质是相悦

别让他夺走你的风

经典美剧《老友记》里，女人们看到一本指导女人如何谈恋爱、如何保持尊严的书，其中一句堪称经典中的战斗机——别让他抢走你的风！几个女人如醍醐灌顶，开始调整自己在恋爱中的姿态，虽然最终笑料百出，但这句话着实精辟。

有的人一谈起恋爱来便死守着电话，生怕遗漏爱人来电；有的人舍弃了所有个人爱好，把节假日都奉献给恋爱对象；有的人怯于表达自己的观点，怕对方觉得自己太难搞定，太另类，总是虚伪地附和；有的人即使受了委屈也忍住眼泪装可爱……亲爱的姑娘们，为什么恋爱会让我们变得如此被动、软弱而且愚蠢？

爱情没有来临的时候，我们平静得像一泓池水，其中花叶繁盛，偶尔还有青蛙跳来跳去。爱情一旦降临，微风乍起，满池的美好悉数凋败，只展露给当事人一块荒芜之地。他原是被你这一池春光吸引来的，结果却满眼颓败，你想他会有什么样的反应？

是的，爱会夺走单身时节的愉悦。因为爱，我们变得不再自信，不再张扬，开始怀疑自己的魅力，是否会让他心无旁骛……这份爱源于我们的真心，是毫无目的的单纯付出，所以我们宁愿放低自己去迎合他人。

可是，当我们狼狈而努力地爬起来的时候，他却往往并不为之所动，反而脾气越来越大，稍不顺眼就摆脸色，仿佛在爱里天生就高我们一个级别。所有的活动必须按照他的时间表进行，我们能做的只有无尽地等，再无限寂寞地张望，直到最后心力交瘁，泪流满面。

爱是一件快乐的事情，相爱的人相互平等，没有人规定谁要讨好谁。你爱他也不要让他夺走你的风，相反应该更加恣意地吹；他爱你并不是因为你的顺从和隐忍，而是因为你的飘扬，以及你完全与之不同的颜色和风向。一味曲意迎合，就失去了自己独特的吸引力，慢慢地，他便会感觉索然无味，离开或者漠视这段感情。

当然，并不是说你一定要与他针锋相对，事事表达自己的主张。不听取和尊重他人意见，就犹如一场龙卷风，不但所到之处害人无数，恐怕还会把你自己也卷到未知之地。爱的美好正源于它的平衡，当你能够控制自己的重量，与天平另一端的他保持平衡时，你们的爱才会完美和契合。

总之，别让爱扭曲了原本精彩的你，别让他借着爱的名义夺走你绚烂的风，保持美好姿态，才能拥有美好恋爱。

最后，爱输给了现实

当年，台湾女作家玄小佛爱上了上海导演杨延晋，抛弃了手边的一切，封笔跑到内地，像山口百惠那样做了一名全职太太。著名导演加当红才女，这本是一幕人间喜剧，羡煞众生，谁知道当玄小佛谈起这段婚姻的时候，竟然全是委屈和难过。

先不说两个人生长环境上的差异，仅仅生活细节上的冲突，也足以令才女梦碎。她曾经这样形容两个人的生活："婚姻很粗糙，在棉被里放屁，洗完澡穿着内衣裤，彼此的习性一览无遗。婚前甜言蜜语，婚后吃完饭筷子一放，手中只有电视遥控器……"

从前她是造梦的人，有一支不问世间疾苦的笔，书写一篇篇动人的华章，在字里行间爱到几乎走火入魔，以为生活也跟小说一样，可以由自己掌控，于是不顾一切地选择嫁人。当然，最后的结局就是梦醒心碎。

很多人恋爱的时候，忽略了自己尚在地球表面，也忘记所爱的本是人类，总觉得已经进入了宇宙真空，以为爱有无比巨大的能量，能抗拒世间一切的凡俗，轰轰烈烈地谱写恋曲，被当做经典记录在案，供后人感慨景仰，好不风光。

他是白马王子，他是爱神派来的拯救者，他完美绝伦简直天下无双……但别忘了其实他跟所有男人都一样，不过是吃喝拉撒的高级动物！就算外表装扮得清爽宜人，天气热了也要出汗，十天不洗澡照样发霉变臭，这是他的错吗？不，他是无辜的，错在于你把爱情这件事想错了。

也许受了太多不切实际的爱情小说与电影的影响，很多人对另一半有着不切实际的憧憬。当恋爱告别火热期进入冷静状态，各种各样的修饰都已卸妆之际，他们却连生活的真相都接受不了，大呼受骗上当，甚至开始怨恨对方浪费了自己宝贵的爱。事实上，荒谬的人恰恰是你自己——人家凭什么要根据你的梦想化身完美战士？

更何况，完美这件事本来就没有固定的标准，而人又是擅长多变的物种，随着时间的推移，对他人的要求也会一再修正，他不是圣人，更不是神仙，谁知道你到底要怎么样？

李敖当年初见胡茵梦，惊为天人，不惜血本地全力追逐，并认定自己找到了梦境中的女神。几番周折终于把女神迎娶回家，可这神话却并没持续多久。有一次，推开厕所门，正撞见女神憋红了脸便秘的样子……瞬间，一道闪电将他的迷恋劈裂——女神不是不食人间烟火的吗，怎么可以大便?!

　　而在胡茵梦眼中，才华横溢仅仅是李敖的一面，他的自私、贪婪、乖戾、莫名其妙等一系列真真切切的毛病，足以令身边人崩溃。轰轰烈烈的爱，最终还是输给了平静残忍的现实。令人无比叹息的是，两个梦碎的人彼此仇视，互相诅咒了几十年。

　　所有的爱，最后都要回归到现实世界，我们应该早点明白这个道理。

女人都爱听情话

国外某网站做了一项恋爱调查，称搞定女人的最佳武器不是万贯金银，也不是绅士气质，而是浪漫如清风拂面的温柔情话。

有很多人困惑，女人为什么爱听情话？明明知道那些都是假的，只不过是应景而为，可威力还是如此之大——大到让情场老手迅速征服冰山美人，让犯了错误的家伙重新获得信任，让相隔万水千山的情侣如炭炉火锅一样保持沸腾。情话对于女人的影响，恐怕是男人挖空心思也无法理解的。

女人天生感性，在恋爱中又是不折不扣的听觉动物，所以女人都喜欢柔美悠扬的情歌、缠绵悱恻的小说，喜欢在经典电影的对白里幻想自己的美好恋情。一场没有动人情话参与的恋爱是苍白的，那样如何才知道他是真的爱我呢？

理智至上的男人于是头痛不已：难道爱一个人不是要看行动吗？

没错，谁也不会爱上光说不练的假把式，可是除了行动，语言上的适时表达更是女人看重的！

事实上，说情话也需要天分，有的人不假思索口若悬河，有的人则搜肠刮肚恼羞成怒——总是无法达到女人的要求啊！所以，有很多各项指标都优秀唯独木讷寡言的男人，在情路上一直走得不那么顺畅。

女人喜欢情话，不单单是为了听觉上的愉悦，更主要的还是满足自己对爱情的幻想。在激烈或平实的表白中，发酵着沉浸在爱河的感觉，除了缠绵情话，去哪里找如此有效的催化剂？别忘了，女人容易缺乏安全感，源源不断的情话可以安慰多疑的灵魂，时刻提醒她此刻正身处爱的包围之中。

当然，情话是一把双刃剑，利用好了可以增进感情，让爱情更加理想和丰满；而如果用它来欺骗感情，往往会演化出无耻的行径。很多女人来不及学会理智地分辨情话的真伪，就迷失在男人的谎言里，还以为自己拥有的是一份举世难寻的浪漫。

普通女人喜欢情话不足为奇，连张爱玲这种犀利聪敏的女子，当年亦被胡兰成的甜言蜜语哄骗得团团转。可风流才子的情话并不仅限于说给她一个人听，所以才有了后来的一系列桃花事件。那从尘埃里开出的花，竟然如此不堪，张爱玲彻底丧失了希望，一直郁郁寡欢难以释怀。

记得否，当年的王菲也是被谢霆锋猛烈的情话攻势所征服。谢小弟不遗余力地在很多场合表达自己对王姐姐的欣赏与爱慕，甚至不遗余力地为天后打造情歌，一举将冰山劈开。尽管后来他们以分手收场，但回忆起那段轰轰烈烈的锋菲恋，仍旧让人感慨不已。所幸，后来人李亚鹏也是一个情场高手，深谙恋爱秘籍，以每天三百条短信的频率安慰失恋中的王菲，最后终于如愿抱得美人归。

　　总之，情话在恋爱中有无可比拟的重量，当然，这一切的前提是，别对我说谎！

恋爱必须平等

富家女跟定穷小子，俊王子迎娶灰姑娘，这大概是全世界男人和女人共同的美好幻想，地位悬殊带来的刺激犹如从天而降的彩票，而巨奖恰好砸在你头上。

但别以为他们真的"从此过上了幸福的生活"，现实中活生生的例子摆着呢。平民女戴安娜嫁给王子查尔斯，一跃成为全英最令人注目的王妃，她实现了梦想，却并没有真正得到爱情。属于她的也许只是查尔斯的荣耀和光环，而让他心动的，则可能仅仅是戴安娜的年轻与漂亮。不平等的爱带来的差异令人无法忽视，戴安娜由极度不适过渡到疯狂反抗，最后的惨烈结局说明了一切。

最爱的那个人未必适合我们，适合的又往往不被列入候选名单。只因迷信太熟悉的地方无风景，太接近的人没火花，非要把自己架到刀山火海上去迎接那危险而刺激的爱，故事的结局只能是悲剧。

恋爱是淘金，沙子被一一筛掉，剩下的能过上幸福生活的大都是"平等"的。比如身份相同，能一起出厅堂，一起下厨房；或者信仰相同，不会因为彼此的价值观而激烈争论；甚至仅仅是口味相同，不至于她嗜辣他食酸，三餐都吃不到一起去……相爱容易相处难，是一句再平常不过的喟叹。相爱只关乎色相吸引，而相处则是个性与性格的契合，大概也就是我们说的平等。

很多时候，爱会蒙蔽人的眼睛。你以为那个人是最初与最终的爱，但往往却是最不适合你的。任何形式的爱情焰火都会随时间而熄灭，最终回归到生活中来，所以，抛弃不切实际的梦吧！

有的人喜欢物质胜于一切，且看那些风光嫁入豪门的女明星们，真正如鱼得水幸福美满的能有几个？时时看人脸色，处处小心行事，生怕细节触犯了家规。当自由被五花大绑，却还要喜气洋洋地晒幸福，说实话，这日子还不如跟着那个什么都没有，却宠你爱你愿意载你去远方看夕阳的穷小子来得痛快！

别找"最爱"，只找相爱，就如在龙虾鲍鱼与萝卜白菜之间做出选择。前者虽然营养丰富，令人垂涎欲滴，可久食会上火甚至中毒；后者尽管看似廉价，但平易近人，顿顿食它亦无害，就像我们细水长流的爱。

总之，差异太多，虐人虐己，必须要达到一定层面上的平等，感情才会比较顺利。

当马克思爱上燕妮

我以为，这世界上最辛苦的爱，发生在马克思和燕妮之间。

他们都生于德国的一座小城，自小便彼此熟识。燕妮是当地数一数二的美女，马克思17岁时就向比他大4岁的燕妮求婚。婚事遭到燕妮父母的强烈反对，他们希望女儿能结交权贵，顺理成章地过上美好生活。不过两个年轻人的爱情之火已经点燃，燕妮不顾家人反对，执意与马克思暗许终身。

马克思是个有理想有抱负的好青年，他离开小城去柏林读书，几年后念了学位归来，打算立刻与燕妮结婚，可是现实又跳出来横加阻挠。为了证明自己能给燕妮一个美好的未来，马克思再一次背井离乡。

马克思性情固执，不肯为任何资本家效力，一度走投无路。燕妮为了安慰失落的马克思，决然地嫁给他。两人蜗居在一所破旧的出租房内，日子非常简朴。

燕妮高贵、优雅、善良且聪明，不但在生活上照顾马克思，更在事业上成为他的得力助手。当然，马克思的爱也浓烈至极，将自己所有的诗歌都写上"致燕妮"。或许，在他醉心政治的理性一生中，燕妮是唯一的感性所在。

美好始终是神话。燕妮和马克思的爱情虽然令人羡慕，可是生活却没有给这对情侣任何宽容与让步——贫穷的马克思竟然交不起廉价的房租！

燕妮陆续生下四个孩子，他们的生活陷入了更大的窘境。燕妮曾在给朋友的信中描述过这段时期的生活，家当几乎都被变卖了，孩子们由于营养不良频繁患病，雇不起保姆的她亲自照顾几个孩子，早已力不从心，她害怕自己的孩子都将活不下去……

燕妮并非杞人忧天，很快，因为各种原因，马克思的三个孩子先后死去。这对于困境中的马克思夫妇来说简直是雪上加霜，尤其是八岁儿子的死，马克思说他曾经是这个家庭里唯一的温暖和灵魂……而更悲惨的是，马克思甚至拿不出一点钱为孩子们买小小的棺材。

后来，恩格斯无私地救助这个苦难的家庭，让马克思绝处逢生。终于，马克思可以把所有的精力都放在革命和政治上，一部一部伟大的著作也相继诞生。

而这时，过度劳累的燕妮感染了当时非常流行的天花，马克思日夜守护在妻子身边，悉心照料，变卖家里的一切以挽救妻子的生命。最终，燕妮没有死，马克思却因为饥寒交迫而病倒了。现实没有磨灭他们的爱情，他们的爱在考验中越发坚固。

　　爱，也许真的是冥冥中的一种幻觉，它指引着两个坚定的人勇敢地克服一切，成为最伟大的情侣，令人赞叹的典范！并不软弱的你是否曾思索过，为了爱，自己究竟会有怎样的坚持？

私奔的咸鱼

朋友小 A 发誓不做剩女，27 岁时慌了手脚，一心想物色合适的对象把自己嫁掉。相过亲，上过交友网站，甚至发展过老同学、好同事，想嫁之心昭然若揭。所有人都知道她的人生目标只有一个：早点当新娘！为了这个目标，她频频抛头露面，上蹿下跳，挑三选四，直到满头大汗，狼狈不堪，宛如一条一直想翻身却终不见成果的咸鱼。

后来小 A 如愿结婚，因为饱尝恋爱的辛苦，所以逢人就谈"尘埃落定"论，一心颂扬美好安定的婚姻才是女人最终归宿，甚至开始鄙视仍旧在情海里翻腾的人。其实，好像就是在昨天，她还比任何人都翻腾得厉害。婚后的小 A 感觉自己得偿所愿，打算安安稳稳地享受静好岁月，可是没过多久，她就开始觉得寂寞。

尘埃落定的代价就是退出情场，真正安定下来。

没有赞美和玫瑰，没有试探和猜疑，没有怦然心动，没有约会的自由，每天就是面对一个从来不看自己只看电视的男人。久而久之，连话都不必说，这就是婚姻的大部分内容？剩女当然可悲，可是走进围城就真正拥有幸福了？她开始怀疑当年的价值观是不是把自己给骗了。

　　一个偶然的机会，小A结识了一个各方面条件都不错的男人。还没等人家过多邀请，她就迫不及待地冲将出来，激动万分地投入对方的怀抱，还向全世界宣布自己终于找到了春天，像一只居家的老猫遇到了充满诱惑的野猫。故事的结局并不意外，这条当年奋勇嫁人的咸鱼跟着野猫私奔了。

　　像小A这样的事例并不少见。很多人因为害怕落单而匆忙结婚，以为婚姻是美好的港湾，殊不知冲进去却有更多的无奈。于是失落的咸鱼趴在岸边，一直等待着翻身的机会，哪怕只是遇到一个无聊的游客，她也愿意攀上其手腕，试图跳跃。

　　因为危机感而轻率选择结婚对象非常可怕，就像在饿极的情况下匆忙捡起一块隔夜的馒头。在某种特殊的环境中，最索然无味的东西可能会成为一道美食。只是，当你恢复了正常食欲之后，再看这块曾经让你甘之如饴的剩馒头，它会即刻被打回原形，脱下虚假的外衣，让你作呕。

　　私奔的咸鱼很狼狈，因为寂寞迅速抓牢的爱情，只是一块披上美食外衣的剩馒头。假以时日，当狂奔的脚步停顿下来，理智恢复正常，她就会考虑，眼前这"激动人心的爱情"是否真正值得自己放弃虽然寂寞却安逸的生活？事实往往是残酷的，私奔的咸鱼再次失望，曾经的家亦无法回归，后果是何等凄凉，想想便知。

不管怎么说，游戏人生的家伙最后很可能一无所得，而戏弄爱情的人终将受到爱情的惩罚。认清自己的需要，拷问自己的真诚，按捺住因为焦虑而恨不得把自己五花大绑随机赠送的心，才有可能等到真正的知心爱人。

恋爱不是互相拯救

常在影视剧里看到这样的桥段：女主角因为失恋神情恍惚，分外沮丧。身边有一个温暖的男人，风雨无阻地照顾着她，随叫随到，任由她倾诉心事，发脾气，陪她逛街、聊天、吃饭、旅行……终于，他的真诚和质朴打动了女主角，在某一个天时地利人和俱佳的环境下，两个人坠入爱河。

我常常质疑这种爱的纯度。

一个是失去了爱情的女人，一个是心怀叵测的男人，刚好都处于空窗期，所以一拍即合，这是爱吗？最多只是退而求其次的互相依赖。

如果男人的付出多一些，女人便以此为借口心安理得地转移感情，这是爱吗？倒更像是一场自以为是的阴谋。

想必当女人接受这个男人的时候，心里有一种难以言说的得意——明知道他对自己的心意，却装作不知，顺理成章地享受着他的关爱，最后以发现爱的姿态回应对方。表面上"受了感动"，实际上是拿感情作为交换，补偿他人的损失。

而这个所谓的好男人，心地亦不单纯。了解对方的弱点，算准有机可乘，于是煞费苦心地塑造出绝世好男人形象，稳坐钓鱼台，一心只等那鱼儿上钩。虽然花费在等待上的时间多了点，可毕竟收获颇丰，不但抱得美人归，还赢得了好名声——他拯救了一个失落的灵魂！王子骑着高头大马将受难的公主从城堡中救出，他则以无底线的宽容和忍耐钓到一条落在泥潭里的鱼。

各怀鬼胎的两个人以爱的名义走到一起，她告别了失恋，他告别了单恋，两个人相互完成对对方的救赎，并有了一个看似美好的结果。可是假以时日，问题会接踵而至，他真的完全不介意她心里一直爱着另外一个人吗？他的耐心和宽容真的那么无底线吗？如果时间让他还原了正常的自己，也会因为生气而发火，因为不耐烦而暴躁，受惯了宠爱的公主会接受这个现实吗？

当初之所以选择他，不就是因为自己拿爱去交换了一份可以随意撒娇的权利吗？如果他不是温柔的、宽厚的、任由她发作的那个人，她还会心甘情愿地与他在一起吗？转移感情并不是真正的解脱，只是强迫自己遗忘过去，一旦有机会，那些被压制的小苗还会以春风吹又生的姿态渐渐萌生，甚至较之前的长势更为猛烈。

要知道，恋爱不是互相拯救，更不是施舍、恩赐或奖赏！

你没有自己想象的那么高尚，他人也未必如外观那般脆弱。爱情只是一段平等的关系，一种互相吸引的情绪，一次荆棘密布的旅行，别让太多错误的观念误导你、左右你、干涉你，稍不留神，翻船的人就会被狂浪卷走，万劫不复。

悄悄熄灭的轰轰烈烈

一年前，朋友无可救药地爱上了一个大他七岁的女人。相隔两地，可能是因为距离产生美，他们的爱如同熊熊燃烧的火焰，狂野炽热。他曾经不止一次对我形容那种浪漫的卓尔不凡——女人喜欢三毛，于是他没日没夜地读三毛，两个人甚至怀疑三毛和荷西根本就是他们的前世，一起携手潇洒走天涯的冲动让两个人爱得不可开交，简直如同百年的老酒一样浓烈。

我不忍心打扰他们的童话，却又忍不住断言他们无法长久。朋友坚定地说，我这一辈子不可能再遇到这样的女人了，我们一定会长久，一起变老，一起享受生活……

仿佛生活变成了一个只属于他们的舞台，台下全是眼含热泪为他们鼓掌的观众。

一年后，朋友沮丧地找到我，说：我们分手了。

并不意外，但还是问了他分手的原因。

朋友说：来自家庭的压力，朋友的非议，生活环境的差异……

借口，全都是借口！

爱一旦不在了，所有的困难全如猛虎，而曾经的雄心壮志则干瘪成一只漏气的皮球。

激情不在了，她的光环也随即消失，她带给他的所有感动完全失踪。于是，喧闹的舞台被杂草漫过，一度忠实的围观者转去寻访其他热闹。

张爱玲说过，我们是先看了很多爱情小说、爱情电影，才开始恋爱。

恋爱之前，我们总是不遗余力地幻想。自己中意的小说人物，会被嫁接到现实世界的阿猫阿狗身上；电影里出现过的浪漫情节，也常常被刻意模仿。事实上，他不可能是你想的盖世英雄，而跟着电影学淋雨，结果只能是被冻感冒。

那些一开始被定义为"经典绝伦、不可思议"的爱情，结局往往不如人意。每一对情侣携手前行时，所要面对的问题几乎都大同小异。他是王子？王子也不免打饱嗝打呼噜。她是公主？公主也不免打喷嚏打哈欠。爱情是一根魔法棒，将普通人点石成金。可是很抱歉，它只会短暂蒙蔽我们的双眼，假以时日就会随时间蒸发，而睁开双眼的我们惊恐地大叫：为什么他是平凡人？

为什么他是平凡人？他一直是平凡人。只是你单方面幻想，然后迷迷糊糊地坠入情网而已。"生活在我们看来平平常常，就像有人看不起农民的爱情，其实越是平凡的人，他们的想法越简单淳朴，内心世界也更加波涛汹涌，他们的思想和爱情也更加热烈。那些轰轰烈烈的爱的迷恋，只会让你走向恋爱的误区。"路遥在《平凡的世界》里如是说。

爱是一种情绪，欣赏和包容才会获得一份相濡以沫的宝贵感情。别指望着他是电，是光，是唯一的神话，是 SUPER STAR，他只是一个普通人，和你一样，并非来自小说、电影的虚构和想象。

爱一个人，一定要爱他的平凡，你才会收获惊喜，收获满足，收获圆满。

情感作家的情商

　　情感作家大部分都有过恋爱经历，但她们的职业并不是解惑风月，她们的经验也并非久病成医总结出的教训。所有的倾听与倾诉，或许只关乎情商。

　　事实上，恋爱的顺利与否，与情感经历的丰富程度没有必然联系。即便阅人无数，也不能确保你马上搞定对方，更别说不需了解就可以把他们玩弄于股掌之中。

　　爱情的真谛与魅力，往往在于它的不可控制性和未知性。

　　一段感情结束了，并不意味着失败。那些说了分手的男人，或许不能许你一个长久的未来，但的确留下了一段相知相伴的回忆。学会感恩是很重要的，就算与情感骗子擦出了火花，也不妨将之当做一堂有益的教育课来看待，毕竟现实里不存在完美的爱情。

　　喜欢一个人源于心动，我们不需要将另一半固定在设置好的模板之中——他身高多少、体型如何、收入高低等，这些并不需要明确的指标。用平和的心情去看待爱情，有则珍惜，没有也不强求。试想，如果所有的谜底都已揭晓，自己何时何地与哪个男人共度多久……那倒数过日子的感觉岂不是很无趣？

这里提及的情商，是指在婚恋方面的理解力，能否考虑到一些细节和长远的问题。

当你遇到一个自己心动的男人，或许他的条件和你的要求有所差距，但千万不要急着将他踢出局。其实你可以试着和他开始，在相处的过程中，如果你得到的快乐和幸福多于痛苦，那么你们之间就完全可以继续下去。

情商的提高代表一个人走向了成熟。一味地追求理想对象，只会让自己错过很多机会。王子只存在于童话中，这种刻意的追求其实是一种很幼稚的行为。等你开始懂得爱情真谛的时候，很可能就会发现，在这之前你已经错过很多好男人了。

不要过分在意得失，面对失败的感情，情感专家大都选择不抱怨和不后悔的态度。正因如此，她们才能正视每段感情的不足之处，而不是纯粹责备对方。事实上，每段感情走到终结，两个人都是有一定责任的，用从中得到的恋爱经验去弥补自己的不足，而不是不断地更换男人，这才是正确的做法。

想要一段良好的感情，在要求对方变优秀之前，每个人都需要不断地完善自己。然而，千万不要过于迷恋情商高低的说法，毕竟在真爱面前，每个人都是平等的。即使情商高如情感作家，她们也会失恋，也会抓狂，而实际上，她们的另一半也未必有多优秀。

第三章

女人我最大，是个冷笑话

恃爱行凶

几个女朋友聊天，说起曾经对男朋友做过的最凶的事。小 A 说，她曾经当街给过男朋友一耳光，并要男朋友下跪跟她求饶。大家惊讶地问："那他照做了吗?"小 A 说："当然没有了，所以——我们分手了。"

小 B 说："最凶的一次，两个人因为一条暧昧短信争吵起来，当时有点气急败坏，拿起剪刀剪坏了他最贵的西装，他因此不再爱我了。"

小 C 的故事更加凄凉，一次吵架，她失控地对男朋友的人品和能力进行了攻击。原本以为"情人吵架无过错"，而且话虽然说得有些狠毒，可自己的道歉也很由衷很真诚啊。没想到，一向百依百顺的男朋友就此拂袖而去，连句"再见"都没留给她。

小 C 至今仍旧对这件事无法释怀，不是说只要爱情存在，一切的错误都可以被原谅吗？为什么仅仅因为一次小脾气，竟然"永失我爱"了？

小D、E、F的故事也都很精彩，总结起来，大家犯了差不多的错误，那就是恃爱行凶。总以为对方是爱着自己的，胡闹折腾也是家常便饭，久而久之，尺度越来越大，几乎到了为所欲为的程度，直到对方愤然拜拜。

爱情里的忍让总是有底线的，因为爱而包容你，是一个男人牺牲自己的尊严换来的。起初，爱神放出的电波将热恋的双方捆绑在一起，理智消失不见，但这只是短暂的，很快大家就都会恢复理智，逐渐在日常的相处中仔细研究对方的一举一动，不断与自己心目中的期许做比较，最后选择结婚或者分手。相信大部分的恋爱都结束于失望，而不是一次无意为之的过错。

拥有他的宠爱当然是一件幸福的事情，但倘若不妥善使用这张王牌，以为自己真的可以无恶不作，那就等于在消耗他付出的真情。如同一只高瓶大罐，最初你们的爱是溢满的，如果彼此精心培育，不断呵护，那么瓶中的爱便会一直丰盈而鲜活；反之，二人疏于照顾，甚至经常虐待，结果就可能是爱情散尽，只剩一地亮晃晃的碎片，后悔和弥补都是徒劳。

说到底，人们之所以憧憬爱情，是因为相恋可以带来无与伦比的美妙体验。如果你给他的爱是折磨，是损伤，是痛苦，他一定会避之不及。

现实世界里，经常见到那些破口大骂的老夫老妻，无论怎么难堪地互相侮辱甚至拳脚相加，最后都能重归于好，仿佛什么事也没发生过，这是多年磨合与修炼的结果。而我们还远远没掌握爱的智慧与包容，尤其是恋爱初期，情感过于脆弱，任何一点风吹草动都可能把这朵稚嫩的小花无情地摧毁。

　　总而言之，不仅仅是对爱人，对亲朋好友，对所有爱你的人都应该保持克制、感恩、友好的姿态。他人的爱绝对是易耗品，如果你不想失去全世界，就从这一刻做起吧。

轻易说分手

22 岁那年，小 L 因为小别扭跟男朋友分手。故事虽往矣，可是分手的后遗症依然隐隐作痛。从那以后，她似乎变成了分手狂，每次与人相处，稍不如意就大肆发作，轻而易举地"沙扬娜拉"。几次三番之后，小 L 发现自己已经失去了爱人的能力，恋爱变成了填补寂寞的游戏，她再也品尝不到爱的酸楚、爱的甜美、爱的筋疲力尽和欢畅淋漓……

很多人在恋爱的时候，并不怎么在乎这场感情，所以对分手也显得毫不在意。只要有机会，就会拿分手威胁对方，约会迟到，生日忘记买礼物，路边看一眼美女，甚至说错一句话，都可以被当成分手的借口，完全不把对方的感受放在心里。当轻易地分手逐渐变成恋爱习惯，不消多时，潇洒的你很可能就会变成孤家寡人。

爱一个人，最怕的就是斤斤计较和毫不在乎。一边做吹毛求疵的事，一边又毅然决然地拿分手来要挟对方，目的只不过是步步为营，先是证明自己在恋爱中的地位多么高大，再以打击对方为乐趣。这根本不是爱，不过是自大狂的满足游戏。

年轻的时候有恃无恐，很容易做出冲动的事情，总以为天下任我游，并不珍惜身边的人。总以为未来会有更好更理想的人在等着自己，分手就分手喽，地球离了谁都会转，没有什么是必须在乎的。如此心态，注定会失去也许还不错的恋人。多年后就会发现，其实根本没有什么更好的人在未来等候，你过早放弃的才是最适合自己的，而当你狼狈地跑回去再想挽救的时候，那个人早已经不在原地了。

还有一种人其实并不舍得放弃，却总是以分手来恐吓对方，以此索要更多的爱和关注。可是，当你把分手挂在嘴边的时候，对方也把你挂在了心外——一个总提分手的人，没有人会再对你有信心！"狼来了"的游戏一点都不好玩，当谎言变成习惯，再也没有人肯相信狼真的会来，最终结局就是白白地被吃掉。

总之，分手不是一件简单轻松的事，无论你因什么样的理由想把"分手"两个字说出口，一定要先闭上眼睛，好好审视一下自己的内心，到底是真的到了非分手不可的地步，还是只想利用分手达到自己的某些目的？相爱一场并不容易，拿分手当游戏也不能显示你的潇洒，只能证明，你在爱情里是一个失败者。

女王的暧昧把戏

偶然听了回电台节目，才发现原来这世界上真有那么多天天为情所困的人：我爱你你不爱我，我不爱他他爱着我，彼此互不相爱偏偏在一起，我们爱得要命却不得不分开……真是琳琅满目精彩纷呈，俨然进入了琼瑶世界。

仔细听来，有些人真的是情商极低，一旦遭遇点风浪必定会撞上冰山。至于另一些人就没有那么单纯了，明明是自己一手制造的暧昧，却又矫情分分地表示"人家是无辜的"，这种女人就是我们常说的擒男高手——她的困扰不是遇到了情感问题，而是"这些人都很优秀，我不知道该选择谁"，以此显示自己总有人追。

其实我们大可不必被类似的表述所欺骗，正是因为陷入了"甜蜜苦恼"的状态中，她才能找到万人迷的快感。没有摆脱不了的黏人精，只是当事人想不想摆脱的问题。嘴上说着讨厌被人追，不喜欢某某，却又总是不能斩钉截铁地毅然拒绝。一边留着活口怕男人们开溜，一边又抱怨被人追好烦，所以我们会怀疑这种女人的真诚度。

不过适当地玩玩暧昧，的确可以给自己带来意想不到的收获。比如说，在闺蜜们面前，"男人追"是女人魅力指数的永恒标尺。一个不被异性迷恋的女人，无论穿上香奈尔还是挎上LV，都掩饰不住黯然失色的惆怅；而暗示身边有多位候选人，无疑可让自己在女友们面前身价倍增。

从实用价值来看，与众多男人保持暧昧，显然比明朗地跟某个男人确定关系有益得多。后者只能保证你拿到一个可以看得见利息的无期存折，而前者则蕴含着太多太多的可能性。想想吧，有多少傻小子等着前赴后继地讨好献殷勤，百般武艺使出来都嫌不够，恨不能倾家荡产赴汤蹈火来俘获美人芳心呢。

擒男高手也不是一天两天练就的，她跌倒过很多次，才最终明白取舍的意义。光明磊落的个性实在不宜从情场中脱颖而出，一不留神就可能被损男们踩成炮灰一团。于是痛定思痛，掌握男人的习性，摸清对手们的脉搏，才终于杀出一条血路。

有一个受过伤的男人曾经狠狠地批评过此类女人：她以为自己是个女王，戴着皇冠，披着华服，洗得香喷喷，半隐半露地对身边的男人们说：爱卿们，谁能讲个精彩点的故事呢？正当臣仆们流着鼻血挖空心思打算大显身手以博凤颜一悦的时候，女王却突然打了个哈欠说：对不起，我困了，要睡觉去了。被晾在一边的臣子们只能眼睁睁地看着任性的女王离去，殊不知，这正是女王惯用的擒男手段。

　　暧昧的小把戏总是被掌握在情商高、心狠手辣的女人手中。她们早已经看明白爱情是怎么一回事，考虑的已经不是如何奋力地把心交给别人，而是如何让自己在浴血拼杀中，以高昂的姿态取得胜利，女王们的地位差不多都是这么得来的。

　　当然，更多的女人还没有修炼到那么高的境界。有的人天生水性杨花，喜欢跟很多异性保持暧昧的关系；有的人则完全是情商过低，低到不知道自己应该爱谁；更有一些可能只是得了臆想症，编造出似是而非的幻象，在向周围人炫耀的同时，安慰自己饥渴的灵魂。

挑剔的人容易被"剩下"

"毕业即失业"是个严峻的社会话题，究其原因，很多大学生动辄要求名企高薪，还不能加班太累，最好可以解决户口，奖金、福利、晋升机会一个都不能少……结果自然是屡屡碰壁，干脆藏在家里做宅男宅女。

而剩男剩女的情况也许更加糟糕——不检讨自己是否要求过高，总以为缘分还没到。希望自己找到完美无缺的伴侣是人之常情，但时间是残忍的，一旦过了适当的年龄，选择面会越来越窄，又不愿意因此而放弃自己设置的高条件，所以唯有幻想"缘分"一说。

缘分确实存在，茫茫人海两个人可以相识相爱，确实是一种几率很小的偶然事件。但别忘了，缘是天定，分乃自求，明明结识一个不错的人，却拿一些固定的条件去套，结果套来套去错失了好机缘。

每个女孩小时候都有一个梦想，梦想将来王子会骑白马来接自己。长大之后，大多女孩都从童话的世界里脱离出来，明白了现实生活中根本就没有那么多的王子供自己挑选，也不会真的有那么美好的事情在远处等着自己，与其白日做梦，不如踏实地发现身边平凡的傻小子的优点来得实际。而还有一些女孩仍沉浸在梦想之中，对未来的另一半百般挑剔。

挑剔的人往往是完美主义者，以为按照自己条件找到的人一定就是绝配佳偶。其实不尽然，世界上没有一个人是完美的，优缺点总是共生并存此长彼消的，只是优点都在明处，缺点却藏在你看不见的暗处。假以时日，当你们开始了正式交往，那些缺点就会慢慢浮出水面，到时候你是否能接受，又是一个大问题。

并非规劝剩女们去嫁给条件不好的人，选择伴侣首先应该考虑的是"登对"。只有地位平等或者相近的两个人，才有可能彼此迁就。如果你高攀了一个优秀的男人，他很有可能处处挑剔你，时时要求你配合他的步伐，任性如你，又是否能接受这样不平等的恋爱关系？相反，如果选择一个条件不如你的人，心里又有可能生出一种优越感，总觉得自己太亏了，而对方也未必受得了这份强势。

正视自身的价值，理性选择"相配"的伴侣，在自己不算太被动的情况下掌握住幸福的步伐，才是聪明的女人。

"爆炸女"的悲剧

　　林妹妹漂亮、健谈、风趣而且浪漫，通常走到哪里都会有男人追求她。不过，与她相识十年，总是听到失恋的消息，每段爱情都持续不了多久。后来听人说林妹妹脾气很坏，习惯对男朋友颐指气使，摔电话、当街痛骂都如家常便饭，很多男人刚开始被她的魅力吸引，后来实在无法忍受尊严被践踏，纷纷离去。

　　"爆炸女"并不是稀罕物种，通常她们个人条件上佳，很容易获得异性的青睐。正因为爱情得来不费吹灰之力，所以不见得会珍惜，总觉得自己选中了哪个男人是对他的抬举。希望对方一直拿自己当公主，稍有不顺心就会大发脾气，暴怒不已，宛如一枚随时随地要爆炸的炸弹。结果往往是对方失望离去，炸弹自行引爆，而自己也被炸得遍体鳞伤。

　　情商高的人懂得克制，明白恋爱之脆弱，不会轻易去挑战对方的底线。爆炸女则不以为然，自觉身后追求者如长龙，失去这棵树，还有一整片森林，总有一棵适合自己。

恋爱中难免会有妥协的一方，让步不是因为条件不好，而是宁愿委屈自己，也想让对方开心。要知道，真正宽宏大量到完全不介意对方胡闹的人根本不存在，所以，如果自视太高，以为别人都低自己一等，注定得不到幸福。

人与人之间是平等的，不论是在社会中还是在爱情里，所有以外部条件为基准拟定的地位高低都是荒唐的！他只是爱你，拿了自己的尊严让你践踏，这本身是一种恩赐，一种高尚，一种悲壮。如果你反而以此为台阶，步步抬高自己，恣意妄为，你值得别人爱你吗？

爆炸女只是任性地享受了当时高高在上的快感，却可能会失去一份长久幸福的感情。以伤害他人作为维系自己姿态的砝码，是非常不道德的。他爱你，却因此沦为低等动物，这种爱的代价确实有点大，大到几乎没有人可以承担。

人之所以要谈恋爱，是希望他人能带来自己无法实现的愉悦。如果不幸遇到爆炸女，不但得不到任何乐趣，反而每天处于一种被压制、被奚落、被叱骂的状况，那又何必要谈恋爱？

一位婚姻幸福的女士曾被问起经营之道，她半开玩笑地说，一定要把狼脸揣在怀里。通俗地说就是，随时随地收敛脾气，克制自己，尊重他人，让这段感情轻松快乐。

折磨

世界上最残忍的，莫过于深情变成了折磨。

爱上谁无可厚非，偏偏端着一副姿态，左右试探，前后思想，直等到那个自己欢喜的人亲口说出一些暧昧话语，还害羞不堪欲拒还迎，然后欢天喜地地倚在那人怀里，满脸是遮掩不住的春光明媚。倘若那人实在木讷，也许延伸出一段错过的悲剧，某个年月，突然哪个街角遇见，陈年往事一说，悔恨当初，为什么没有人勇敢一点？

不知从何时起，身边这个原本陌生的人，变成了你全部的世界。除了他，再没别的令你如此耗费心力，站着坐着想的是他，开口闭口说的是他，就连某天照镜子，发现连表情都已经随了他——这可怎么得了？更要命的是，你开始要求对方和你一样地疯狂沦陷，稍有怠慢都会令你趋于崩溃。电话不可以不打，情话不可以少说，行踪不可以飘忽不定……直到那边气喘吁吁，疲惫不堪。爱情变成了折磨，相看两相厌，却又互相难以舍弃。日子开始灰暗，下坠，最后早早夭折。

分手无可厚非，不愿意互相厌倦着终老，于是选择寻求解脱。可惜世间好聚好散的案例实在罕见，大多数场景是两个人阴沉着脸，男人坐在一个角落，女人双臂紧抱，喋喋不休，力求把所知道的最恶毒的言语都泼向那个曾经钟爱的男人。若还不解恨，就再来上几句恶狠狠的诅咒，那架势简直是有着不共戴天的仇怨。

其实，当一切走到尽头，无论破口大骂也好，梨花带雨也罢，统统无济于事。从爱情中败下阵来的，往往是女人而非男人。

情感，通常被男人放到需求的最后一位，在一起的时候尚且一副这山望着那山高的风流德性，现在对方终于有了主动解脱的意思，高兴还来不及！所以，大部分男人对于分手，决不至于哭天抢地。他也会装模作样地邀几个朋友喝酒诉苦，酒过三巡，一切都开始变淡。第二天早上一觉起来，太阳照样升起，春光仍旧明媚。

分手之于女人，却是苦难的开始。当那些大话和高姿态退场以后，一个人的夜晚总难免发呆、哭泣、抽烟，听电台情歌从天黑到天明……酸楚不已的寂寞持续一段时间之后，思念又静静蔓延，第一次约会的地点，第一次的情话喷涌，曾经的开心旅行……于是，期望那明知道不会响起的电话再次响起——只要他肯求求自己，也就原谅了他吧。

就在你还沉浸在温馨往昔的时节，那边却早就把过期的爱情处理掉了，一身轻松地投身新的恋情，谁还记得你是谁？几番挣扎之后，蹉跎了岁月，可惜了年华，只剩下回忆和伤痛。也有几个聪明的，醒悟之后，成为尖酸刻薄的小说家。

世间情无非就是如此，你这边暗暗计较地伤肝动肺，别人却正大光明地仿佛不曾发生。红尘滚滚，细细思量自己的一生，发现除去自己对自己的折磨，实在是没有什么了。

每个女人都曾是杜梅

认识一位美女，音色纯正，扮相端庄，参加过很多演出，还获得过一些奖项，举手投足都有大家闺秀风范，追求者众多。

有一位很 MAN，平素少言寡语的男子，只望了她一眼，就变成了疯狂的追求者。于是，闪电结婚，还生了个克隆爸爸的儿子。全家人都特别开心，婆婆甚至每次都当众表扬：听她唱歌觉得心里都美。

一切大好。

后来男人创业被人骗，进了监狱。女人四处奔波，托关系，找朋友，甚至亲自出面协调。仗着口才了得，说得有理有据，男人终于重获自由，她对他有救"命"之恩。数年后，他东山再起开了一家酒店，日子又逐渐驶上富足轨道。

可是他们开始吵架。男人晚归，时不时带回香味和长发。女人撕他的衬衫，怒不可遏，歇斯底里，男人忍受不了，索性搬出去住。

女人后悔了，想挽回感情，于是低下姿态来，每周末带着孩子去他的住处，帮他洗衣服，整理房间，打扫卫生。她想证明给他看，她其实很爱他，不会再跟他吵架。而男人很少露面，只派一些服务生应付她。

有一次，他和年轻女人在房间里被她撞见。她忘记了自己的诺言，也抛开了所有理智，疯一样地扑过去，狠狠地掌掴了那个"狐狸精"。

男人以此为由，正式提出离婚。

她所有的努力和爱都付之一炬，从此精神恍惚，再无消息。

她真像《过把瘾》中的杜梅。

每个女人都曾经当过一两次杜梅，爱得越深，给予得越多，越难以平息。说到底，爱情里的付出和收获无法平衡于天平的两端。你爱他爱得越深，他就会越冷淡；你的爱太易得，他就开始放弃努力。如果一段爱情不是男人辛苦争取来的，想要他小心呵护，是多么艰难！

你再爱他，只需要藏在心底就好，可以为他做些什么，但是不要每天表达，让他觉得你的珍贵唾手可得。

曾经有一个男孩跟我说，他女朋友对他特别特别好，他经常会想，她对别人肯定也会这样好，她怎么对谁都那么好，于是觉得厌恶。真是犯贱！

大多数男人不喜欢太容易得到的事物。一勾就上或者主动投怀的女人，在他们看来贱如草芥，得到她反而是委屈了自己，只有难追的女人才能提振所谓的成就感。

于是，你的爱得不到回应，得不到珍惜。原本的尊严，因为爱而低了下去。那种离不开还要妥协的姿态令人疲惫不堪，于是大吵小闹，人家实在厌烦了，躲避，分手，消失，满世界没消息……这样的爱情一生一两次足矣！

的确有女人能玩转情场且毫发不伤，得尽所有，最后骗一个好男人当做归宿。可偏有天生情商极低的女子，平日里聪明伶俐，一遇到爱情全盘傻眼，只知道盲目奉献。

事实上，他爱你，你就是宝贝，你不听话也是宝贝，你任性也是宝贝；他爱你，可以把江山放弃，把生命都给你；他若不爱，你呕心沥血地付出，其意义在哪里呢？爱，从来不是对等的交易，你若选择做多付出的那一方，就不要去埋怨他的冷淡，他没有离开已经是奇迹。

努力去爱，只需一两次，作为成长过程中的体验与回忆。撇开猜疑，放下包袱，不要让爱情变成一件吃苦的事。相信他，爱护他，修复你曾经受过伤的心，调整好状态面对他，让他看到你就如同看到阳光一样灿烂。

别忘了，你只是你，他之前深爱的是你，他离开之后你仍是你，可以稍作让步，但千万不要任由自己愚蠢。一旦爱疯了，除了留给他无比恶心的记忆外，就是把自己给伤透。

懂得示弱，赢得爱情

如果票选最好看的日剧，《东京爱情故事》绝对是第一名。除了那个坚强得让人心疼的赤名莉香外，关口里美的爱情也令观众久久不能释怀。

里美是一个乡下姑娘，在东京的一所幼儿园当老师，样子清秀，算不上大美女，性情拘谨，也没太多的兴趣爱好，交往圈子只有乡下的几个同学而已。就是这样一个女人，竟然牢牢地霸占着完治的心，当面对可爱无敌的莉香时，他没有丝毫犹豫就选择了里美。莉香只得伤心地远走他乡，而完治和里美则过上了幸福的生活。

无数人愤慨，里美有什么好？为什么完治会选她？她明明是个虚伪、软弱、心计普通的土老帽啊！她凭什么能抓住完治那么多年，而莉香却无论如何努力都敲不开完治的心？

莉香从小在国外读书，独立，坚强，乐观，永远笑对人生，而且那么机灵，那么狡黠，那么可爱，简直是一个百分百的好女人！面对一个完全不是对手的情敌，她为什么会失败？

在现实生活中，总会有莉香这样的女人被里美打败。明明全是优点，却被一个不如自己的女人抢走爱情，情何以堪？

其实这并不难理解。里美对于完治来说，代表的是故乡、回忆和安全感。而莉香恰恰相反，她代表的是新潮、惊喜和异乡，那些都是没有归属感的东西。完治是一个传统的男人，虽然会被东京的繁华所吸引，骨子里却更念旧，他的爱就是他的根，与之相关的里美也正是他最终的梦想。

除此之外，里美经常扮演软弱的角色，每次受伤后都会向完治诉苦，而莉香则坚强到有泪偷偷流，面对别人永远是一副爽朗的样子。

事实上，强势的女人虽然会吸引男人追逐，可是一旦深入了解，男人会感到压力——这样的女子，离开自己也没有关系，她甚至可能活得更精彩！恰恰是那些条件普通的女人，通过分寸感十足的示弱，最终赢得了爱情。

有很多女人，拼命证明自己多优秀，多强悍，多值得爱，结果可能变成人人惧怕的剩女。看看那些小鸟依人的幸福体验者，哪个是一副铁娘子的凶悍？我们呼吁女性自立，主张女人强大，却希望她们保有特殊的韵味。尤其是在爱情之中，不要总想以自己的优秀压制住对方，让他感受不到爱的美好；更不要自己总处于强势，从不低头，总要人迁就妥协。

男人在恋爱的时候像个孩子，他们的情商和理想可能像少年那样——找到一个属于自己的公主，然后为她开创一片美好的江山，他负责在城外守护家园，你负责美丽就可以了。有些女人偏偏不解风情，置男性的终极梦想于不顾，非要自己跨上骏马参与厮杀。男人失去成就感，爱情也就随之凋零。他会感觉你根本不是娇羞的公主，倒像是自己的主管领导。谁愿意拘谨地陪着"上司"衣食住行一辈子？

没错，爱情需要很多的战略和套路，但一味表达个性，一副谁怕谁、失去你我不在乎的神态，恐怕永远都不会赢得你所爱的人的青睐。

豪门有危险，女人需慎入

灰姑娘的故事众人皆知。天生丽质的她过着卑微的生活，没有好衣服穿，没有好东西吃，每天要干很多活，同时忍受着继母和两个姐姐的羞辱和欺负。可最后穿上水晶鞋的偏偏是她，甚至还跟着王子住进了皇宫。

故事的结局，《格林童话》已有描述，但我们仍禁不住怀疑——国王和皇后能接纳来自草根阶层的她吗？面对金碧辉煌的环境，她会迅速适应吗？宫苑之内等级森严、规矩众多，她可以忍受吗？这哪里是在和王子晒幸福，根本就是和一个家族谈恋爱！

不食人间烟火的爱情，始终只存在于童话中。现实世界里面，贫家女和富家男相恋，总是绯闻多多困难重重。在不同的环境里成长，他们的喜好和性格自然有极大的差距。初期富家男可能会觉得贫穷的生活很新鲜，灰姑娘则坚信有钱的日子很过瘾，可一旦相处久了，二人便很难找到共同话题，而沉默往往是感情终结的第一步。

电视剧《珠光宝气》里面，妈妈从小熏陶三姐妹说，一个女人最大的幸福便是嫁给有钱人。几经周折，妈妈终于得偿所愿，三个女儿先后嫁入豪门。只是一入豪门深似海，豪门所带来的除了名和利，更多的是困扰和不适应。婆媳相处，朋友圈的变更，生活习性的改变，这些常常让三姐妹手足无措。

人和人的关系总是相互的。如果你已经把"爱情"排除在外，那么结婚的目的只有一个，就是以对方的财力做保证金，让你将来的生活有品质保障，试问你可以给对方什么？花钱买商品一定是要满足自己所需，你可以确保自己永远赏心悦目，始终如一地实现付款人的期望吗？

物质上的巨大落差当真可以无视吗？从一开始，贫家女就处于劣势，她所能给予的和富家男相比，根本就是铁钉对金砖。他随便一件西装就是过万，而你只能穿着淘来的 T 恤青春无敌……大部分人寻找伴侣时的心情是单纯美好的，但当你接过他昂贵的爱慕表示之时，是否仍旧心安理得？最好要确定，自己到底有没有足够的自信，以及面对失败的勇气。

当然，从来就没有可靠的预言家可以推演出嫁入豪门后的命运。唯一可以相信的就是，你和他的路还很长很长。

第四章

男人这东西来自潘朵拉星

摆脱不掉的前女友

最近狂迷日剧，昏天黑地地卷进东京都会男女复杂的情感纠葛中，跟着掉眼泪、傻笑、激昂、沮丧，好像自己通过时间隧道重归十年前，那些与青春有关的感觉全部找到了。除了日本，其他国家或许根本拍不出如此干净、单纯、唯美而触动人心的青春偶像剧。

几度观察后，发现一件非常有趣的事，日本人似乎有着浓重的"前女友情结"。每个沉默的男主角心里，都住着一个永远忘不掉的形象，一个青春时期深爱的、柔弱、多情、温柔而且善解人意的女孩。就算分手多年，她仍旧是男人心目中完美女神的化身，牢牢稳稳地驻扎在历经沧桑的内心。每次男女主角倾心相爱的时候，前女友都会莫名其妙地冒出来，于是男主角心神大乱，无论现在的爱人如何奋力地争取、挣扎……前女友的威力足以让一段感情风雨飘摇，至少也会在两个人中间形成一道难以消除的裂痕，让人感叹不已。

在现实生活中，因为前女友而爆发的矛盾，就像是恋爱进行曲中那个弹错的音符。赵本山的小品中就有此类情节，他瞒着妻子帮助遭遇困难的前女友……当然，结尾是团圆美满的，妻子理解了丈夫的善良，跟"老蔫儿"一起去"送温暖"。可大多数人未必能这样豁达，往往是"现在时"愤恨"过去时"的存在，男人也陷入进退两难的窘境。殊不知，纠缠前女友等于是跟无形的敌人作战，最后很可能是误伤了自己，对方却毫不知情，非常冤枉。

让女人念念不忘的是感情，让男人依依不舍的是感觉。前女友让男人"经常性错乱"的根本原因在于：早年恋爱的时候，我们还不成熟，没有办法分辨爱情中的种种假象，也没有力量掌控自己幸福的步伐，轻而易举地松开了相牵的手，所以在成年后才会有很多遗憾堆积在心头。

那段情愫也因为内疚而变得格外美丽，在时空的转变中，前女友合理地变成一枚温柔的爆竹，一旦遇到合适的机会，补偿情怀和拯救天赋就会演变成一场爆炸，原本好端端的感情随之四分五裂，徒留一声叹息。

只有跟过去彻底告别，让自己的思绪抑或灵魂真正得到放松和解脱，"岁月静好，现世安稳"的日子才会降临。这么简单的道理，还要经历多少伤痛和教训我们才会明白？

他不爱你的种种表现

有的人分手之后还会纠缠一个奇怪的问题——他到底爱不爱我？这恋爱谈得好糊涂，连对方爱不爱你都没搞清楚！

其实知道对方爱不爱你非常简单，不必听信那些花言巧语，只需细心注意相处时的一些小细节，就足以判断出，你是否是他打发寂寞的消遣品。

比如，他从不主动打电话给你，接到你的来电也会吞吞吐吐地说自己很忙。别相信这类不靠谱的借口，爱上一个人，恨不得 24 小时跟她腻在一起，哪怕是日理万机，也会抽出空暇去表达爱意的万分之一，谁会让自己的爱人受冷落？

再比如，他从不关心你怎么样，约会总不点你喜欢吃的菜，出国旅行不记得带适合你的礼物，连续几天不联系也不解释或者道歉……总之，当你感到他总是心不在焉的时候，请相信，这个男人的心确实没在你这里。

类似的表现不计其数，过马路时可曾担心地拉住你的手？当你不舒服了，会不会冒雨给你买药？会不会给你做很多好吃的，还劝你不要难为自己去节食减肥？会不会一天 24 小时对着你仍然有说不完的情话？会不会不畏艰难险阻找一张你喜欢的 CD……

对你无话可说的人不可能爱你，动不动就玩失踪让你抱着电话傻等的家伙怎么可能会爱你？朝三暮四又不以为然的他，心里根本没你！宁肯跟朋友鬼混，也不愿意陪你的人只是拿你当做游戏的玩伴！满嘴谎话的人也许对谁都不会认真。不愿意为你放弃，不肯为你做哪怕一点点的牺牲，跟他在一起怎么可能会得到梦想中的幸福？依此类推，难道你还不明白他对你的心意？

不要愚蠢地总是拿一些测试题去考验他爱不爱你。如果他爱你，就不会让你有和他母亲一起落水的机会，他宁愿牺牲自己，也会把你们统统救起，站在岸上考虑该救谁的男人不可能是好男人！

事实上，收集爱的证据远比拷问爱的诺言更有意义。如果审视你的爱情，竟然没有发现爱的蛛丝马迹，那么很遗憾，这份爱情只是一场失败的游戏。也许他努力过，也许你抱怨过，可结果是，你始终没有办法让他爱上你，也许这才是你们分手的真正原因。

爱和性之间

性关系的开始，差不多就是爱关系的终结。

当你满怀幸福地经历了漫长的追逐，并最终把一切交付之后，或许你们俩之间的爱情也就走到了尽头。

就像无数的杂志中所提醒的那样，男人是只会下半身思考的动物。记得一幅漫画上描述过男人的大脑，里面除了乌七八糟鸡毛蒜皮，竟然全是 SEX！可怜我们这些女人苦苦营造的温馨啊浪漫呀，等待的原来不过是配合男人完成活塞运动。

我们是配合者，或者是达成男人最终目的的拍档？OK，这便是男女关系了！

有时甚至觉得，所有电影、小说、音乐、美术所呈现出的两性关系，都是可怕的误导。它们给予女人一个五彩缤纷的梦工场，捏造出所谓无可限量的美好爱情。而这样的传闻又牵引着女人们义无反顾地追寻，到头来，却无论如何也找不到梦境里的感觉。所幸，女人天生具有自我安慰的精神，一句"现实是残酷的"足可以弥补所有的缺失。而那些嫁作他人妇的黯然神伤，说到底，还是相信爱情的存在，还是不能说服自己……她们无法接受，男人求偶的最主要原因其实就是满足性欲。

这世界上有杜十娘就有李甲，有紫玉就有韩重，当然还有无比痴情的尾生和裴航。尾生等一个女人直到被水淹死，你能说他没有爱情吗？但我们仍免不了揣测，他等她的目的是什么，难道只是为了给心上人暗送秋波然后朗诵诗歌？那个女子失约的原因又是什么？莫非早就看透了男人的本质，然后去验证它的真实性？如果这推理成真，那尾生之死也实在有点太可惜了，世间女子千千万，非要吊死一棵树？又或者说，正因为没有得到，所以他才会这般抱柱坚持？

由此可知，如果想和一个男人维持一段长时间的关系，还是不要早早交付的好。男人总是矛盾的，他一方面努力追逐着 SEX，一方面又对那种旗帜鲜明的 SEX 女人百般抗拒，歌词大意是，你这么随便，谁会爱你？

听过 N 个男人描述娶妻的理由：因为她是处女；她把第一次给了我，所以必须得娶她……当然，娶她不代表什么，拜过天地之后男人也不可能为她停止追逐其他女性。发展性关系是很多男人的理想，他们的理论是，娶了你，就是对你最大的恩赐，老老实实当黄脸婆吧，至于忠诚这个事情，是女人应该做的！

关于爱情的美丽梦想，看看书，看看电影，也就行了。至于男人这回事，你权且放一放吧，或者，勇敢地接受男女是性拍档这个事实。

心怀叵测的婚前合约

　　婚前合约已经不再是新鲜的名词，签约的目的也各有不同：有人为了获得利益，有人为了防止财产流失，有人怕遭遇背叛，有人则为了好玩。

　　与前夫伍伟杰离婚，对向来乐观积极的翁虹来说，是一次自信心的重创。在自己的 38 岁生日宴会上，她认识了现任老公刘伦浩。恋爱 4 个月后，他们瞒着所有亲友，在美国洛杉矶"闪婚"。为了防止重蹈前一段失败婚姻的覆辙，二人签订了婚前协议书，对双方的财产和感情作出约束，第一条就是"不能随便提出离婚或者分手"，此外还有"吵架时不能翻旧账"，遇到鱼和熊掌不可兼得的情况，"必须以双方感情为第一优先"。

　　想必，这份合约是翁虹要求的。但凡执意签订婚前协议的人，大多有其见不得光的目的。拍过三级片，又有过不堪婚史的翁虹，遇上不嫌弃她过往的男人，并愿意共结连理，的确值得祝福；更难得的是还要陪她高调出席各种场合秀幸福秀恩爱，甚至愿意跟她签订不提往事不问过去甚至不能离婚的合约，这样的老公实在令人羡慕。

或许，只有两种人会接受如此"暗无天日"的合约，一是爱她爱得昏了头，二是有其他目的。且不论刘相公是哪一种情况，单看他由一个籍籍无名的健身教练成功升级为"明星老公"，频频跟随夫人进出镜头的事实，也可了解一二。

老牌影星迈克·道格拉斯与前妻黛安卓的婚姻持续近20年，闹离婚时官司打了一年多，最后才以4500万美元的高价赎回自由。这次惨痛经验让他吸取教训，要与凯瑟琳·泽塔琼斯先谈妥婚前协议，才放心步上红地毯。在这份合约中，婚后不忠行为是一条重要的条款：如果道格拉斯被发现出轨，要付出340万英镑的代价；同时，只要泽塔琼斯戴上结婚戒指，马上就可以获得道格拉斯所有资产的十分之一；如果他们之后离婚，女方将根据结婚的年数，每年获得100万英镑的赡养费。

表面来看道格拉斯吸取了前妻的教训签订婚前合约，但是这份协议怎么看都像是他自我约束以讨好小娇妻的金石之盟。条约诱人，泽塔琼斯风光下嫁，全然不顾新郎官的年纪足够做她爸爸，且是骨灰级花花公子……要知道，这份合约就是一份最佳保障，踏入这场婚姻后，大美女不但可以一跃成为老牌明星夫人，还断然没有后顾之忧——只要丈夫出轨，财富就向她滚来！原来合约也可以当鱼钩用，只要金子含量充足，总会钓到美人鱼的。

总之，所有的条约婚姻都因其私心和目的而欠缺了真诚。俨然是为了某种可能的糟糕结局，去做全副武装的战争准备。比起这些复杂的婚姻关系，那种不分你我的恩爱才真是令人羡煞。

你并没有与众不同

一个朋友说，自己的爱情完全可以用"不可思议"来形容。

其故事可以高度概括为，相恋的人差异很多，居住在不同的城市，出生在不同的时代。主人公每天都活在对这段关系的思考中，久久无法平静，其中包括无休止的幻想，无目的的叹息，以及对未来无法预知的悲剧感。最后他强调，这一切都将有个美好的结局了，女主角将要来到北京，他们会冲破一切阻碍生活在一起……

就我而言，无论是与朋友聊天，还是接到的爱情求助信件，几乎每个人都认为自己的故事与众不同，自己的爱情轰轰烈烈。其实，大部分的情节和情绪是被当事人夸张渲染过的，导致我一度感到失望。真的，至少到目前为止，没有任何人的感情经历是不落俗套的，而且大家的故事相近到吓人，你爱我我不爱你，我爱你你不爱我，我们相爱却不能在一起……我不由得感伤，这究竟是一个什么样的时代，为何连谈恋爱这么迷人的事，都显得如此相似而枯燥呢？

他一直坚称自己的感情很独特，更执著地认为他们与"大多数人不一样"。可是大多数人的爱情究竟什么样，他并不知道。二十多岁，正是"青春少年样样红"的年纪，努力地标榜个性并不能真正让自己与众不同。

谈一场别扭的恋爱不能证明什么，最重要的是，大部分人都在别扭地恋爱着，不是爱不对人就是爱不对时间。爱来爱去，爱到无能，再也不追求什么与众不同了，然后掉进生活这锅大杂烩里麻木地过活，或许这就叫成熟。

这是标准结局，也是最好的结局。年轻的时候，每个人都怀有无数的理想，根本不相信也不甘心这类结局。只是在现实阳光的照耀下，美丽的肥皂泡逐一破灭，大家锐气消减，甚至羞于谈理想——并非我们太软弱，而是生活太强悍！

谁都是这么一路飙过来的，你有什么与众不同呢？除非你爱上金刚或者猴子爱上你！

男人的结婚恐惧症

　　女孩和男朋友认识三年，在这一千零一夜里，她一直等他主动求婚，可他从来就没有提及关于婚姻的任何事。尽管她不时地暗示，他仍装作听不懂。时间久了，女孩渐渐觉得男朋友根本不爱她，或者另有其他女人。她说："如果他真的爱我，为什么不想和我结婚，永远生活在一起呢？"

　　总觉得此刻的枕边人并非最终的梦里花，所以不肯给对方婚姻，这是很多男人对待恋爱的态度。

　　男人和女人的大脑构造不一样，对于感情的态度也大相径庭。

　　一般来说，当女人跟男人恋爱了一段时间之后，只要觉得是爱他的，就会考虑嫁给他，但对于男人而言，结婚和恋爱根本就是两回事。恋爱是感性的，只需要一见钟情便可以确定一段关系；结婚则需要理智、衡量、思考——家庭背景是否合适，性格是否相融，金钱观念是否接近，以及对生活的态度是否一致……

在他们眼中，恋爱是一件可以随意发生的事情，快餐文化下，结交个把女朋友来一场风花雪月的游戏易如反掌。可一旦上升到婚姻层面，很多人便开始犹豫。结婚意味着什么？意味着责任、承担、奉献和付出！要娶的这个女人，跟自己未来的一切息息相关……所以在热恋的节骨眼上，一谈到婚姻，很多男人就如缩头乌龟一般沉寂，甚至跑掉了！

男人在感情上是容易冲动的，如果你是他的百分百女孩，他恨不得马上八抬大轿将你迎娶回家，心甘情愿把自己禁锢于围城中。他不愿意结婚的理由，并不是因为有了更要好的女朋友，也不代表他不爱你，而是对你们的关系没有把握。在他看来，你虽然聪明可爱，但还没有达到他心目中理想妻子的标准，所以他才拿奋斗、事业等冠冕堂皇的借口来敷衍。

如果你真的爱他，非常想嫁给他，请让他坚信你会是个好妻子吧！想想自己在交往过程中是否很任性？是否会像个小孩子一样无法给他安全感？是否有勇气与他共度一生不离不弃？不妨用你成熟且诚恳的态度打消他的顾虑，多关心他的工作、他的生活，解除他心里的疑惑和矛盾。

愿天下有情人早日成眷属，更祝天下眷属永远有情！

到底是谁没有意思

餐厅里常撞见这类画面：

一对情侣面无表情地对坐，每人一本菜单却有一个心不在焉。服务生悄然过来，弯腰等待点菜，情侣互无征询也没有异议。饭菜上桌，默默开动，偶然用下餐巾纸或是道一声某某的近况，直到最后男人敲敲桌子结账。满桌狼藉，似乎约会圆满，之后继续活在各自的空气里……

平日里，我是那种懒得张嘴的人，但是见了亲朋好友，就自然而然地变成话精，有那么多精彩故事需要分享，有那么多有趣的见闻等待讨论——只有面对毫不相干的人，才会觉得无话可说吧！

有的人与我相反，在外面滔滔不绝，唯恐大家不知道他有一张快嘴，可一旦回到家中面对亲密爱人竟然变成哑巴，理由是没什么可说的！也许是因为爱人太了解他，以至于他找不到自己发挥的舞台吧。

跟这样的人谈恋爱真是悲哀。

想起《倾城之恋》里白流苏的抱怨："他再也不喜欢说那些俏皮的话，想必是留给新人去说了吧。"

一个男人追求一个女人，难道不需要用语言去表达情意？

追求到手了，再多的表白也是浪费，女人开始自然而然地相信，老夫老妻哪来那么多话说？爱情的最高境界是经得起平淡，于是原谅了男人"无话可说"的倦怠，两个人顺其自然变成最熟悉的陌生人。

他是你最爱的人，见面最多的人，却没什么好讲的，那跟谁才有话说?!

当然，也不排除女人自己的原因。你本身枯燥乏味无趣又讨厌，谁也不会有兴致跟你敞开心扉。人的精力毕竟有限，为难自己去做无效果的事，谁会乐此不疲？总会遇到有趣的人，改日为她发挥……

很多女人在哭诉中追问，为什么自己抓不住的男人，竟被条件更差的女人撬走？男人可不是傻瓜，跟谁在一起更有意思早就衡量出来了！为什么要跟你在一起，无非想更快乐地生活，倘若相处的时光除了压抑就是烦躁最后还变成枯燥，又何必再忍受下去？想想把日子渲染得丰富多彩的三毛，看她跟那个大胡子荷西多么快乐。如果我是男人，我也会选择这样的伴侣！谁喜欢跟味如嚼蜡的女人朝朝暮暮？哪怕她美若天仙。

生活怎么过，是各人的事，没准有人觉得，不需说话的光景才是生活的本质，两人才有最默契无间的关系。所以，请不要动辄埋怨生活没有意思，不好意思，那得看是否配得上过有意思的生活。

关键是，你自己有没有意思？

世界上没有完美的人

电影《爱情呼叫转移》里，一个男人厌倦了自己妻子，意外得到一部能带来艳遇的神奇手机。开始总是浪漫的，那一系列美女也完全符合他的标准，可一旦深入交往，对方的缺陷就完全暴露。主人公不得已重新寻寻觅觅，却总是笑料百出。

找个完美的人就那么难？其实这问题很简单，就算他拿一辈子做赌注去追寻，只怕也得不到想要的结果。这故事告诉我们，其实没有人是完美的。

当你决定爱一个人的时候，首先要明白，爱是件很伟大的事，它的意义绝不仅仅是互相取悦和无限索取，更多的是包容、奉献和牺牲。必须充分意识到，一个完整的人是由优点和缺点共同组成的。在相识之初，你很可能只被她的优点迷惑而忘记了她其实缺点更多；当陌生感消失，你们变成真正贴心的爱侣之后，很多缺点就会一一浮出水面。

　　如果不能及时调整心态，你们的感情很可能因此破裂。即使结束这段感情，再爱上别的人，同样的困惑照例会出现。你仍旧被对方层出不穷的缺点搞得焦虑不堪，甚至对爱情失去了信心。

　　要知道，在这个世界上，没有谁是为迎合你的喜好而设计的。一味坚持拿着自己的标准去寻找，收获的只能是失望。换位思考一下，如果心上人总是放大你的缺点进而抱怨人生，你是否也会觉得不公平呢？

　　尝试深入沟通一番吧，你的想法，你的不满，甚至你的梦想。大部分相爱的人之间的问题都源于交流不够充分，你为他的问题焦头烂额，对方却还茫然无知。不妨回忆一下当初你们一见钟情时的怦然心动，用你的爱和耐心去理解去包容，想必会收获更多的幸福。

　　请相信，世界上没有完美的人，但只要精心培育和灌溉，爱却是可以完美的！

半夜溜出去的都是会情人

朋友病了，给一个关系暧昧的男人打电话，请他过来探望。

适值凌晨，他不太可能过来，可他偏偏出现了。他对她，也是有一点点情意的吧。

星光摇曳，酒暖烛红，转眼已快天明。

他说，我要回去了。

她问，为什么？

他说，害怕女朋友醒来找不到我，会担心。

哑然失笑。原来对女朋友还有一份责无旁贷的关怀？有些男人就是这样，以为只要真相不败露，就是对得起身边的女人；即便隐瞒不住，若能维持表面的平静，也算善莫大焉。他们认为，这是对正牌女朋友的最大尊重。

而如果你身边的男人以各种各样的借口去会情人，只要你不知道真相，就会觉得自己是快乐的，他的爱是这世界上你唯一独享的，你的男人只属于你！

这种关系里的三个人，不知道谁最可怜。

关系破裂之前，男人会一边偷闻花香，一边正义地保护身边的女人。一旦东窗事发，他便会像个瘪三一样全面委靡，不但要逃避情人数日，还要在正牌面前扮演小乖乖。人生太累，隐瞒更是一项需要体力脑力智力综合的活动。

所以，越来越多的男人喜欢明朗的情人关系，即交往初始就表明自己的身份——我是有女朋友的，你也可以不理我。可是如果你理了我，就不要祈望我对任何事情负责。对不起，我不负责。

越来越多的无耻嘴脸明目张胆地暴露出来。

其实，谁拿谁当盘菜啊，你以为别人等着你负责？没准别人还怕你像条鼻涕虫一样地黏着不放呢！要知道，负责是一件多么高尚的事情，为什么要对你负责，为什么要你负责，你以为你是谁？

我跟朋友达成的一致观点是，那些在半夜三更或者其他奇怪的时间，突然借口有工作什么的硬要外出的人，一定是在偷情！不信？别睡得那么死，半夜起来看看吧，看他是不是在你身边老老实实地睡觉，尽管这并不一定多么重要。

第五章

那么那么爱，唉

初恋不过是一场实验

有调查发现，在婚前拥有很多恋爱历史的人，较之拥有单纯情感履历的人来说，反而不容易出轨。

爱情是奇妙的东西，几番品尝之后，才会得出属于你自己的价值观。所以，嫁给初恋，并不见得是一件幸福的事情。

当然，有的人生性纯朴，对感情的需要并不是非常高，只需出演过一两次情感故事，就愿意退身回归平静。但这样的人毕竟是少数，更多的人还是有着不安分的灵魂。那些单薄的经验并不能让他们尘埃落定，尤其是在文艺作品的熏陶之下，对爱情更有了无限的憧憬和渴望。

所谓初恋，不过是情窦初开后的第一次实验。它可以告诉你需要什么样的情感，不需要什么样的恋人，可以为日后的情感之路铺垫好基石。很多观念都会跟着时间和环境的变化不断调整，这也正是初恋几乎都会失败的原因。

当然，也不排除有人在初恋时就找到了自己的一生之需，从此对外面的花花世界不愿再去了解。但是，当诱惑力达到一定程度的时候，感情上未经磨砺的忠贞究竟能维持多久，也是一个问题。口口声声说初恋最美的人，大多没能跟初恋一路白头偕老下去。得不到的永远是最好的，这仿佛是一条颠扑不破的真理。

所以，当你遇到了一个心动的人时，不妨试着去交往。或许你会发现，他不过是一朵开得过艳的毒花，除了好看并无过人之处，比起初恋来黯然失色。但也不排除另一种情况，你对自己的选择欣喜过狂，原来他才是真正的终极梦想！

只是岁月还很长，你总会遇到其他的人，而且比他更好，更吸引你，那你是否会放弃他，投入到新鲜的恋爱里去？要知道，情感中还需要包容和克制，你的爱人有缺点，并不是世界末日，事实上也没有人完美无缺。

情商会随情伤逐步提高，不妨让自己去体验，当你的爱经历了一系列摸爬滚打的选择性游戏之后，才会明白到底谁才是你的归宿。如果你觉得还是旧爱最美，那时候重回他的怀抱，一定是最心甘情愿的决定。

如果你的他肯等那么久的话。

你不是他的那杯茶或者那盘菜

有过相亲经历的人都会有这样的疑问：为什么我看上去还不错，他却不喜欢我？

1.0 版的疑问，逐渐升级为 2.0 版的哀伤：他不喜欢我，是不是因为我不够好？

自信一落千丈，先前对自己的肯定全部因为相亲的失败而被摧毁，开始全方位地作自我检讨，非要找出自己缺乏魅力的缘由来解释自己为什么会落选。

其实完全没有必要，纵然美丽如奥黛丽·赫本，也照样有人不甚感冒；相反，有点缺陷的女人，却容易吸引不同凡响的关注。这样错位的结果，只能说明你不是他的那杯茶或者那盘菜。

有人喜欢绿茶，有人喜欢茉莉，有人只喝普洱，有人甚至拒绝一切饮料只爱白开水，大家都没有错，只是口味决定了选择。

你本是川菜中的精品，可他只喜欢清淡，就不会选择你。虽然也明白你的珍贵，只是自己无福消受，于是退避三舍，哪里是你不好？

记得一档征婚节目里，男选手们纷纷表示，对于择偶的对象，没有具体要求，一切看"感觉"。人的口味和审美的形成与自己的成长环境、接受的教育和先天的一些倾向有很大关系，而这种感觉就是他内心里隐藏的判断标准。只有符合标准的那一类人，才会被他考虑和接纳，其他类型的，就算是散花仙女，也无法打动他的心，而何况他喜欢的人，或许在别人看来是那么平淡无奇。

这世界上本没有完美的人，客观来说，只要想挑毛病，什么人都有这样那样的缺憾。据说连最美港姐李嘉欣，依然有男人嫌她木讷、太枯燥；张曼玉也被人评价为牙齿不好看，脸上肉太多……所以平凡如我们，在恋爱的途中遇到不如意又何必难过？

请坚信，你一定可以找到自己可口的茶饭，大快朵颐。

魔鬼站在悬崖边

几年前，我曾经写过短篇小说《爱恨分七年》，一个玩摇滚的男生，一个傻傻地爱着他的女孩和一份备受折磨的爱。他明明不是她的幸福，他根本也不可能是任何人的幸福，可她仿佛着了魔一样陷入迷恋的旋涡中，爱到伤痕累累，始终无法将他真正放下，而那些为爱他所受的苦，注定要纠缠她很久很久。

直到现在，还不时有读者写电子邮件给我，说这个故事令他们感动，让他们回忆起自己也曾爱得那么痴狂。如今大家已经风平浪静地成熟起来，可是每每触及那些让人战栗的爱，总是无比留恋无比辛酸。

不记得是谁说过，世界上有一百种慢性自杀法，爱上摇滚男人就是其中一种。我想，爱上不该爱的男人，应该是这一种方法背后的本质。不够融洽的爱是会让人内心受损，精神委靡，痛苦丛生的。

年轻的时候，几乎每个人都会陷入一个怪圈——爱上不该爱的人，明明知道对方很危险，却仍旧不顾一切地扑上去。他才华横溢，与众不同，让你莫名其妙地心跳……显而易见，这些细微的感触很容易接通我们的恋爱神经。只是有才华不代表他会爱你，有魅力也未必只是对你一个人散发，又或者他本就是无情的家伙，我们收获的只有伤痛和遗憾。

故事结局也不外乎两种，要么鲜血淋漓地退后，要么流着眼泪勇往直前，而这两种结局在日后都会给自己造成一种难以解开的心结。许多年后，当我们终于长大，那个心结仍旧躲在记忆深处，成为一块揭不掉的疮疤。

成熟后的我们，不再讲真心话，不再轻易地爱上别人，冷漠和自私无疑是最好的保护屏障。人的热情是有限的，在年轻时候的爱情里，都释放得差不多了，这是人一辈子最勇敢和最美的时刻，虽然大多注定是会受伤的。可是，青春的美好不正在于此吗？那些为爱痴狂的经历，痛也痛得刻骨的付出，难道我们真的不羡慕吗？

所以，如果你没有强有力的心脏，请你立刻停住脚步；如果你不想让自己的感情生活如一团死水，渴望得到一些刺激，也可以去挑战那些明知道不该靠近的人。但要牢记，那些人真的是你生命中的魔鬼，而这些魔鬼总是站在悬崖边，往前一步万劫不复，退后一步，也许可以得到永恒的安宁。

不能停止的气急败坏

如果你不时地对一个男人气急败坏，有九成可能是你爱上了他，另一成是你实在厌倦他。

我们宁愿相信第一种。爱，多么温暖的字眼。

一直相信，爱会令人坐立难安，会令人心神不宁，会令人手足无措。遭遇爱情时，所有女人都变得软弱、乏味，像不明事理的孩子，不断索取涩涩艰辛里的小小幸福。

爱真忧烦，爱真苦难。

突然放手，不去爱了，该不会痛苦了吧?

夜里，窗外一街哗然，内心鼓噪到狂。不能不爱，可是为什么那边悄无声息?什么时候爱情可以持平?你紧张了，我轻松了，永远是一个人背负着另一个人的所有，累到不能喘息，开始后退，逃避，于是崩裂。情感满仓的一方，必然地会绝望、无助，恨不能揪住对方的领口——为何你对我的感情永远欠一分？那边却无辜地回答：亲爱的，我们为何不能爱得轻松？

不得不气急败坏。呵呵，爱是多么辛苦，如何能轻松？

当他说出这样的话，其实距离分手已经咫尺。

男人在爱情初始的时候紧张，女人在爱情结束的时候恐慌，这是亘古不变的套路。愿意跳，就心甘情愿去红尘里颠簸一番，尽尝苦辣辛酸。当你发现自己扮演的恰好是感情多一点的角色时，那就平心静气地粉墨登场吧！因为一旦气急败坏，你就不知不觉地成了欠缺的那一方，就算警觉，心伤，收一收，也不一定能和恋人重归同一水平线。

没有办法，没有办法。你激动，他理智。爱情才会如此扑朔迷离。

怎么可能爱得轻松？无非是觉得对方可以尽在掌握，于是放松下来，再怎么吵闹，他总不会离开我的吧。于是不必那么着急。云淡风轻，这场恋爱好轻松。

拿着对方满满的爱来做筹码而轻松忘形的人，往往会被抛弃在空中。

没有人甘愿自己的爱永远明显多于另一个人。

你会努力，因为他值得爱。于是你不断付出，希望他可以感染感动，也给予你同等的宠爱，或者更多。但事与愿违，你自付出你的，他却越来越松弛，越来越超然，当你终于发现自己总是一无所获，还能继续容忍这种失重吗？大部分的女人会理智地权衡，并且及时抽身——就算前世欠了你，该还你的也都偿还了！

爱变淡后，理智及时出现。

一个眼神，一个话语，足以令你爱上，同样，一个错失，一次忽视，也可以使你离开。

多么好的理由，他，不是不好，只是不够爱我。

如果爱，不能爱得甘心情愿，请你一定不要犹豫，放弃是最好的解药。爱，只会发生在年轻的时光。这些时光本就少得可怜，不要跟不相称的人去消磨了吧。留着你的爱情，给予那个爱你爱得好狼狈，爱你爱得气急败坏的男人。

时光荏苒，总会有一天，那个曾经不够爱你的男人，历经沧海之后突然发现你的种种好处，怀念起你的气急败坏。原来爱一个人，就是任一份猜不出未来的爱，这般地蹉跎着，经历着，变淡着。后来的后来，再也没有那么一个人，能够像你一样地为他流泪，为他痴狂，为他黯然神伤。

只是当他无比怀念和感慨之时，你应该对自己灿若春花地微笑——还好当年我离开了，如果不能停止对你的气急败坏，就永远不能从这场不平衡的关系中撤出，你就永远不会知道我多么爱你！

所以，当身边的人对你气急败坏的时候，扪心自问一下吧，如果他是真的爱你，请你一定一定，不要让他伤心绝望到停止气急败坏。

当他平静的时候，他已经不再爱你。

他让你着迷，他不是你的上帝

那一年，12月31日，黎明在北京工体举办演唱会。

几乎是在报上刚见到消息的时候我就预订了一张票。知道必定会很难买，于是提前下手，甚至还给几个朋友打了招呼，唯恐到时候弄不到票，看不到他。

是的，这是我唯一喜欢超过10年的艺人。至于为什么喜欢已经懒得一次一次描述，因为我已经不再喜欢他了。

具体表现就是，当举办单位打电话给我，说票已经订到的时候，我突然改变了主意。那一天，不记得我去干了什么，总之，没有去看他。

工体，步行不过十分钟的路程，曾经那么重要的一个人，我最终选择与他擦肩而过。

很多人都跟我一样，经历过这样一段艰难的过渡，被某个遥不可及的人冲昏头脑，狂热地迷恋，然后慢慢平静，不再执著，最后心灰意冷，不再牵挂。

他令我着迷，但他不是上帝，他没有主宰我的权力。

当然，有的人疯了，比如那个患有狂想症的华迷。

过度迷恋，只有两种结局，一种是疯了，一种是淡了。

遥不可及不仅仅是指偶像明星，有时候也可以指别人的男人。

看过《天使爱过界》的朋友或许会感慨，第三者竟这么厉害！我却不以为然，因为那还算不上第三者，只是一个单相思患者，得不到别人的回应，所以嫉恨成疾，干了很多具有破坏力的事情。

真正厉害的第三者不会折磨自己，而是尽使心计将别人的男人套牢，心安理得鸠占鹊巢。看看那昂首挺胸站在全世界面前的朱莉。当然，像她这样修炼成精的毕竟是少数，更多女人爱上别人男人的结局，是永无休止的破碎和绝望。

说到这里，我又联想起许美静发疯的消息，心下无比难受。

并非多么喜欢她的歌，只是很多年前听过一段传言：她爱上自己的制作人陈佳明，不管谁去挖都不为心动，一心跟着已有家室的他上山下海，哪怕那个男人穷困潦倒也始终不离不弃。

我一直很钦佩用情真纯到风雨无阻的女人，什么样的力量能够给她如此坚定的信念？

再后来，听说他重回原配怀抱，过起出轨后忏悔的幸福生活。当有人提起往事，他轻描淡写地说了句：她本来就精神不好，有人格缺陷……

你这厢为爱痴狂，在他眼里，却不过是一个有人格缺陷的神经病！

他让你着迷，可是他真的不是上帝，他不过是出现在你身边的一个再普通不过的男人，是与众多男人没什么区别的甲乙丙丁。我们无法预知自己会遇到谁，会有怎样的对白，但一个自私、懦弱、猥琐、轻浮、冷血的家伙，根本就不值得你去爱！

女人独有的天真和温柔的天分，要留给真爱你的人。林忆莲在多年以前，就已经明明白白地唱过。

疯狂而无奈的职业相爱

据说，法国新浪潮著名导演特吕弗每拍一部电影都会深深地爱上剧中的女主角。每次拍摄杀青曲终人散，不得不重回现实世界时，他都会陷入一阵犹如失恋般的情绪低潮，难以自拔。直到另外一部影片开机，将情感投入到另外一个女主角身上的时候，才能从上一次的沼泽中爬出来。

诸如此类的案例屡见不鲜：导演爱上女主角，歌手爱上作曲家，记者爱上大明星……在特定的工作环境中迸发出特定的情感，这就是疯狂而无奈的职业相爱。

言其疯狂，是因为那是一种超现实的情感宣泄。比如说，德国著名导演斯登堡当年深深地迷恋他的御用女主角马琳·黛德丽，每次灯光打开的时候，他一定会让所有的设备都聚焦在黛德丽迷人的身体上。灯光照亮黛德丽的脸，照亮她的睫毛，她的嘴唇，她的颧骨，她的腰肢，她的大腿，也照亮了斯德堡的爱情……

他用自己浓烈的爱，塑造了屏幕上熠熠生辉的黛德丽，进而打造了一个无与伦比的完美女人！他们的合作非常成功，连续七部电影都获得了良好的票房表现，黛德丽也在斯登堡的宠爱中散发出摄人魂魄的魅力。可惜，这对完美组合却因某一部电影的票房失利而瓦解——好莱坞单方面跟黛德丽签订了电影合约，斯登堡被踢出局。面对屏幕爱人的背叛，斯登堡颓废地回到了家乡，情绪日益低落，以至于再也没有拍出一部精彩的电影。

李宗盛每次给女歌手制作专辑时，也无一例外地陷入这个怪圈。如果他没有办法爱上她们，那么这张专辑一定是失败的——没有激动和爱的创作是苍白的，也一定无法打动万千听众！当音乐响起来的时候，那个唱歌的女人就是他用全身心去爱的情人，每一个音符都是他爱的表白、宣言及总结。

相传当年他和朱卫茵还保持婚姻关系时，与合作者林忆莲的绯闻便甚嚣尘上，朱卫茵不以为然地说：每次都会这样，没什么特别的。然而李宗盛和林忆莲却从职业相爱发展为真正的情侣，并冲破一切阻碍终于结合在一起。再后来，他们又因为种种原因黯然分手，离开李宗盛后的林忆莲回到了陈辉虹的怀抱。巧合的是，陈辉虹亦是林忆莲曾经职业相爱过的人。

现实与梦境的距离总是遥不可及，有些人沉醉梦中不愿意清醒，有的人则无比理智，永远明白所需所取，从不拖泥带水，多情的时候多多益善，无情起来又恩断义绝。职业相爱正是特殊的环境造就的特别恋情，是抽离时空远离现实的真空之爱。纵然如空中绽放的烟花，绚烂而魅惑，可这种奢侈的情感对土壤的要求实在太高——至少要两个人都抛弃理智一直挽住理想的手臂勇敢前行。

想要满足这一点，绝不亚于蜀道之难，所以，大部分职业相爱者的结局，都是无奈的，无论当初曾经多么疯狂过。

爱的习惯

有一个很有趣的定律在情场上流传。说如果你爱上一个人，又羞于直接表白，不妨为对方在固定的时间做固定的事，以此来固定自己在对方心目中的位置。一旦你持续一段时间之后猛然停止，对方绝对会心慌意乱，就算没有爱上你，也断然不会再忽视你的感受。

这就是爱的习惯。

让他习惯了有你，直到根本无法失去你，在不动声色间达到自己的目的。

很多人在追求爱的激情，其实大部分的爱只是一种习惯。

那些条件一般的男人，却可以轻易俘获优秀女人的芳心，大概也是利用了类似战术——总在她身边，像一棵永远也不会倒掉的大树，或为她挡风遮雨，或为她制造阴凉，让她疲惫时可以靠着大树休息，跌倒时又是她最好的扶持……虽然一开始她并不觉得对方是理想对象，却已经习惯他的陪伴，如果哪一日这棵大树被砍伐，她一定会痛不欲生。铁杵磨成针，抱得美人归，他终于没有白白浪费时间，习惯竟然能够培养出感情！

常有人抱怨自己得不到美好的恋情，满大街的恩爱情侣，自己却总在孤独中度过情人节。恋爱的确需要缘分，但可曾检讨过自己是否吝于付出？喜欢上一个人，又不肯花心思去对对方好，只是稍加试探，怎能明了对方是何种选择？

爱上一个人从来没有那么简单，除非是致命的色相吸引，两人一见面，立即惊对方为天人，满腔的爱恋由此点燃，谱成绝世佳恋。可是这样的例子毕竟凤毛麟角，大部分的爱情都产生于习惯，所以，爱上一个人，就应该多花点心思，不要总是计较谁在付出，也别让讨厌的自尊跑出来作怪。为喜欢的人做任何牺牲都不会是低贱的、丢脸的；相反，能够为爱而放低姿态，为别人做点什么倒是一件很光荣的事情。

更不要以为这种靠自己努力得到的爱类似于接受别人施舍。爱其实就是一种能力，一种愿意为对方付出的能力。有太多的人因为自私而主动放弃了这种能力，结局也不过是在可选择的范围内随便找一个人结婚，永远体会不到爱所带来的喜悦和满足，这何尝不是一种悲剧呢？

选择恐惧症

　　一个正在减肥的女人去买衣服，走遍一家家专卖店，看过一件件漂亮衣服，可左挑右挑都没找到中意的。

　　事实上，每件都适合她。宽松点儿的，现在就可以秀一下，紧致点儿的，等她瘦了照样能穿。她之所以会一件都不买，并不是她不满意，而是可选择对象太多，每件都有优点，让她不知如何取舍，丢掉哪个都会觉得可惜。

　　心理学上把这种问题称为"选择恐惧症"。患病者通常过分理性，清楚自己所面对的选择对象的优缺点，心里的小算盘快速比较着哪一个更好。可是，它们本来就以不同的特点取胜，又怎么可能比较出个所以然呢？

　　就如同一个女人所接触的男人，有的长得帅，有的钞票多，有的才情独特，有的温柔体贴……哪个我都喜欢，让人左右为难，这句话的潜台词很可能就是说，没有一个彻底将我征服，所以都不能让我满意！

不满意的人，优点再多，在你的眼里都不过如此。你的重点都放在他们的缺点上，一不留神，就犯了鸡蛋里面挑骨头的毛病。实际上，选择对象太多，无形中就容易提高自己的标准，对他们一一进行比较，而这本身就是一件不可能完成的任务。

情感是一门很深奥的学问，很多生活中的聪明人往往在情感里焦头烂额，这不是一句两句话解释得清楚的。但首先请学会克制自己的心魔，放弃那些不必要的保护和伪装，每个人都该恋爱，不要让你的青春好时光都淹没在试探和比较里！

所以，合理地降低标准是一种不错的方式。他不够富有？急什么，二人可以携手奔小康呀。他不够好看？无所谓，多瞧几眼也就习惯了。他不够温柔？没关系，只要人品过硬！

这样算下来，你会发现其实每个人都不错，随便哪一个都可以相处。接下来，不妨采取筛选法，把他们的优点和缺点都罗列出来，你不怎么在意的优点可以忽略，不能忍受的缺点则标记出来，然后把对应的那些男人一个个请出局。最后剩下的，就是你真正可以选择的对象了。

明确目标是治疗"选择恐惧症"很不错的方式，哪怕降低标准。毕竟，人无完人，过分计较只会让自己得不偿失。

友谊挡住爱情的去路

　　大多数男人，都不喜欢找个哥们型女人做女友，一是彼此太熟悉了，缺乏那种欲诉还羞的心动和冲动；二是觉得你可能根本不需要爱情。并非他们的眼睛背叛了他们的心，而是你的外表把你的内在遮蔽住了，男人看不到你真实的一面，进而忽略了"哥们"对情感的索取。

　　性格比较男孩子气的女人确实很容易和男人走得很近，这是女人社交上的好事，但却是女人情感上的难事。因为这种情况通常意味着，男人不愿把你当成异性看。如果他们觉得你的身上缺了一点女人味，自然也就无从欣赏你独有的细腻和温柔。

　　电影《旋风小子》里面的女主角就是男主角的好哥们。男人难过的时候，她第一个送来安慰；男人遭遇困难，她主动赶来帮助。连傻子都可以看出来她喜欢他，可是男人就是不相信她会爱自己。林林总总经过了一系列故事，她的坚持和真诚最终还是打动了男人，赢得了真爱，然而这些都是源于她的暗示和表白。

作为一个好哥们，假如你喜欢对方，光在暗地里使劲是不够的，因为他很可能会把这种"好"划归为友谊。此时此刻，你往往需要明确告诉他你想做的不仅仅是朋友。或许他会拒绝，但至少他会明白，你是一个女人，你也需要爱情，而不是一直把你当成好兄弟对待，让你们之间的可能性为零。

不要担心拒绝，把喜欢写在心里，你的哥们是看不到的。因为你们本来就已经很亲密了，他根本就不会猜测故事会进一步发展。从一开始，他就发给你一张"哥们牌"把你挡在爱情的门外。所以，女人应该明白，不要认为成为男人的异性知己可以增加自己的异性缘，实际上事实往往相反。男女间总该有点若即若离才能产生更多的美感，太直白太频繁的接触只会令人产生审美疲劳。

"从哥们晋升到恋人"比"从朋友晋升到恋爱"要困难许多，所以，女人如果想提升自己的魅力身价，想要获得爱情而不是更多的友谊，那么从今天起，就不要到处去跟男人做哥们了。无论和男人多么亲密，始终应该提醒他一个事实，你是一个货真价实的女人！

不要让众多的友谊挡住通往浪漫爱情的道路。

第六章

对自己狠一点，再狠一点

一定要做"狐狸精"

一度迷上了超视的《命运好好·玩》，于是每天晚上 9 点半到 11 点都守在电视机前，看老一代偶像派歌手何笃霖同诸多命理专家、星座专家、心理专家欢聚一堂，畅聊社会话题并加以测试分析，很是轻松有趣。

这天的嘉宾是一对住在花莲的夫妻，男的是英语老师，会武术，是爱唠叨的处女座。女的腿有残疾，但很乐观，每天除了料理家务，还会到一些团体去做慈善义工。男人很爱老婆，一点都不介意她装着假肢，甚至经常开她的玩笑，话里话外一直说着一只脚两只脚的问题，妻子对此则一笑而过。

两人的恩爱感动了大家。一开始主持人们还害怕触及腿的问题，但是看到这一家人那么豁达，也就轻松了很多。星座师薇薇安告诉我们，双子座的人容易对婚姻产生怀疑，但是从来没有对这个怀疑采取什么行动；而狮子座的人渴望生命中充满激情，比如说每个月赚的钱要马上花掉，如果不允许他热情，他就会对婚姻产生怀疑……

出人意料的是，当说到了婚姻中的不满时，这一对恩爱夫妻居然经常为女方太喜欢打扫卫生而吵架！丈夫抱怨："她每天都要打扫卫生好几个小时，时刻都在打扫，我累了一天回家想休息一下，她却永远在打扫卫生。"女方有点小委屈地为自己辩解："我晚上打扫完卫生可以把假肢拆下来吹干，否则是会生锈的。"男的说："那你就不要干啊，你即便几天不打扫，我们家里也一样干净，就算哪里乱了，我也可以做嘛！"

看看吧，这就是男人——主持人和专家们都被这样的状况惊到了。女人行动不便，但是却很勤劳，每天把家里擦得干干净净，到最后却落了一身埋怨。主持人由衷地说："女人千万不要做菲佣，一定要做狐狸精。"

因为懒惰和种种缺点而被碎碎念的女人很少，最常看到的，就是女人整天忙里忙外，大家都说千好万好，却受到男人的埋怨。每个人的奉献和接受都是有一定限度的，太过无私的人，通常无法给予对方机会去奉献。对于男人来说，只要有爱，宁可自己多干些，又有什么关系呢？

哎，古往今来，只看到男人们为狐狸精疯狂，还没见一个男人因为自己的女人太好而为她做出什么壮举！你那么好，还需要别人为你做什么呢？别人还能为你做什么呢？

很多女人总是在恋爱中或是婚姻里无限奉献，好到把男人的责任一并承担下来，最后男人反倒跟着狐狸精跑了，一边跑还一边埋怨着你的好心快把他给烦死了。男人生性都是比较贱的，谁对他好，他就对谁坏，反之，敢对他不冷不淡的，绝对是他手心里的宝！

每次见到身边有女人晒幸福，述说自己多么体贴男人，如何不爱检查他的东西，打算给予他更多自由的空间……我总忍不住叹口气，难道她真看不出男人的不屑一顾？

男人就是螺丝帽

男人是耐用消费品，但使用之前，需要先审视你自身有没有驾驭的资本。否则，任他是个万能抽屉，看不懂说明书的你也一样束手无策。

新时代的女性独立、睿智，有主张，在交往的过程中，主要负责漂亮可爱性感。如果你还在为了被抛弃而戚戚焉，为了若即若离的暧昧而焦虑，那你未免太 OUT 了！其实使用男人的秘诀就在于，让他爱上你！

没错，一个能够给女人安全感的男人，需要承担的角色可多了去了——

首先得是一台电脑，硬件软件都好，外在体面，内在实用，拉出去不会丢面子，划卡消费不会没银子；

起码是块肥皂，洗去你所有经年沉淀的沧桑和风霜，为爱情创造一个舒适无忧的环境；

还得是个游乐场，永远有千奇百怪的惊喜和刺激等待你去探索，不会令你感觉厌烦或不适；

必要时还要变身机器猫，随时随地带你去喜欢的地方周游一遭，哪怕只是口头上兑现的梦，只要他讲你就记住不忘；

更关键的是，他随时都能扮演爸爸或者儿子，在不同的场合下给予你关爱或者受你的情感灌溉！

恋人在一起应该亲密无间锦上添花，而不是吊儿郎当斤斤计较！现在是什么时代，叫那些不愿付出的混蛋们都打光棍去吧！不但如此，还必须让全天下的男人都知道，想娶老婆吗？想拥有可爱性感美丽的甜心宝贝吗？那么，请倒掉脑子里的豆腐渣，慢慢戒除一切的坏毛病，以及可笑的大男子主义吧！

归根结底，男人得是一个螺丝帽，安到哪里都放光辉才可以！

这就需要我们女人相得益彰。只有追求美丽，与优秀同行，才能够傲视爱情这东西，才能可以无敌到只要 Superman。

我不是鱼，我们需要自行车

隐约记得，柏林的一位女权主义者说过，女人不需要男人，正如鱼不需要自行车。

鱼之所以不需要自行车，是因为所有的鱼都不用自行车。很多行为都是因为周遭人群的共同行为而自然产生的，就如同大家都得找个伴，于是男男女女走到了一起。可是，共同行为真的是必需的吗?

女人有时的确需要男人，比如说对抗失眠的寂寥，应对冬天被窝的寒冷，以及因路盲而迷失的时候。只不过，催眠不妨动用 MP3，可以抱着大号热水袋取暖，出发前干脆搞一张地图……所以说，肯定会有其他办法，而男人只不过是条解决问题的捷径而已。

一个人生活完全可以。朝九晚五忙成一个神经病，三五知己去喝一杯，睡大觉，看着画报上厕所，洗漱收拾完毕出去散个步，或者养一只狗，还可以有时间去思考一下生活的真谛。一直觉得单身的价值，就是在孤苦伶仃的极致磨难中不再挑剔；而婚姻的含义在于，最后明白原来谁都不需要谁。

不需要男人不代表需要女人，很多同志拿这种理论去维护自己的行为是没有必要的。喜欢谁都无所谓，喜欢上鬼神都没什么可羞耻的。人往往善于在大众面前隐藏自己的真心，而大众也都接受这种虚伪的交流方式，谁若违反了规则反而被视为异类。

我们需要与很多人打交道，但互相交换习惯是一件很可怕的事情。非常能够理解几十年后最终分手的夫妻，虽然表面上都在装恩爱，其实骨子里却是恨着对方的。

这是因为，要想共同生活必须牺牲一切个性，有个性就无法生活。忍耐不是一个可以经得起考验的行为，过程中往往会积攒大量的毒素，我一直怀疑，瘤之所以流行大概就是隐忍的结果。

《罗曼史》里的那个女人，对不疼惜她的男人最终产生了恨，用瓦斯谋杀了他。

爱到极致，容易升起腾腾杀意。大部分人之所以和平分手，不是因为情操多么高尚伟大，而是爱的程度远远不够，无所谓啊，分就分喽……也许只有爱意深入骨髓，才会产生鱼死网破的壮烈。

或许，情杀犯是可以原谅的，不是爱到一定程度，谁会心生歹意？一次，看一个犯罪采访，一个男人讲述了他杀人的经过，大概意思是说，他把全部都献给了女朋友，结果她看到再也榨不出什么来就一脚踢掉了他，转身跟了一个貌似可以继续榨的人。他知道真相后气愤不已，但还是想求她回头，结果她嘲笑他无能，劝他看开些，于是他捅死了她……太重感情的人很容易对人生失去信心，以为满世界只有"爱情"俩字。

还有的人盼着身边人某天有把柄落在自己手中，就可以心安理得将其一脚踢开，旁白一定是义愤填膺的道德和人格的指责……是的，在心里已经乐开了花，老天助我，终于将此鼻涕甩开！事实上，情感远不如期望中的美好，所有的关系若深入剖析都一样惨不忍睹。

并不是在鼓吹单身，单身其实更没意思。如果没有相亲相爱，我们干吗要来世上体验一遭生老病死呢？即便是最美的单身生活，也无从感受生命的真实，而两个人的争执，终究比一个人的无聊有趣得多。

我们不是鱼，我们需要自行车，于是大家都相似地活着，在不同的环境寻找着各自的感动。也许是我太敏感，也许是你太迟钝，也许是我们都太天真。

别轻信他的忏悔

面对爱侣的出轨，很多人会选择原谅，理由竟然是：他真的知道错了，他发誓以后不会再做对不起我的事。

人非圣贤孰能无过，但出轨另当别论——既然明知是错，为什么还要去做？事实上，他们每每抱有侥幸心理：如果自己隐瞒得当，对方就会永难察觉；即使知道了，只要自己诚恳认罪，对方也会原谅……所以，出轨事件一经发生，请相信，他绝对不是无心的！

有些人习惯性用情不专，虽然已经有了固定的伴侣，却仍旧无法把目光从其他异性身上挪开。稍有机会，一定会奋勇前冲，还美其名曰"为了爱情"，实则是自己不安分，无法忍受单调的恋爱，哪怕只有一夜情，亦能让自己感到愉快。

如果不幸遇到这样的爱人，你当真以为他会变更习性，浪子回头，不再留恋野花飞蝶？一旦再次发生外遇事件，请不要怀疑自己的魅力，着急找寻"保鲜秘籍"，其实千错万错，都只因你选择了一个花心大萝卜！

忏悔这事也是熟能生巧，第一次演出可能很蹩脚，但次数多了，从表情到措辞，其功力都会突飞猛进，往往在不知不觉中，就练就了一套忏悔大法。一旦东窗事发，他马上就会变身忏悔王子，顺手拈来的借口，后悔莫及的表情，痛心疾首的动作……出轨的糗事就此被粉饰了，若不能原谅他，反倒是你太过小气。

恋爱的首要条件是忠诚，当他选择了背叛，至少可以证明他并不是非常爱你！但善于忏悔的人往往善于抓住对方的软肋，利用依依难舍的爱来要挟，再加上虚情假意的诚恳，于是就可以在"不忠"这件事上为所欲为。

所以，一旦爱人出轨，你必须马上清醒过来——出轨了就是出轨了，他背叛了你们的感情，即使原谅了他，也不能抹杀他的过错！众所周知，当一个人堕入爱河的时候，他会全身心投入再无旁骛，把周遭一切都当成透明的。不要麻痹自己，轻信他只是无心之过，或者接受"永不再犯"的誓言。

当对方在忠诚方面出现了问题，接下来要考虑的就是是否愿意接受一个不忠的爱人。除非你的爱足以让你蒙起双眼，视他的过错于不见，愿意和别人分享你的爱人，否则分手将是最好的选择。别让他拿你的爱来要挟，去满足他不安分的心灵。

因为肉食女所以食草男

受欢迎的影视剧里，英雄美人的组合已日渐式微，大行其道的竟然是御姐+慢吞男。以至于很多人抱怨，现在勇敢的男人太少，个个都像食草动物，找不到传说中的"大男人"谈情说爱。

毫不客气地讲，正是因为"肉食女"的涌现，"食草男"才变成我们这个时代很多男人的标签。

20年前，以及更早的年代里，男人为了追逐窈窕淑女，必须奋力卖弄文采、财富以及风度，甚至敢拿国家开玩笑，以博红颜一笑。男尊女卑的时代，男人被看做英雄，是顶梁柱，是超人，是大力水手……一言以蔽之，男人是用来让女人依靠的！

可是在男女平等的当下，这种关系发生了质的变化。女性的社会地位空前提升，女人有了独立自主的机会，何必依靠男人创造自己的未来？淑女们挽起袖子奔向职场，以更加猛烈的姿态跟男人一争天下，甚至比男人的表现还出色。爱情也变成了一段可以随处发生，可以随便追求，甚至可以随意调遣的生活插曲。

肉食女的异军突起，让曾经的"大男人"地位尴尬——想再找一个贤惠、温柔、乖乖听话，不发表异议，柔弱到必须寻求保护的女人，简直是痴人说梦！就如同自然界的生存法则，在总是不能得到满足且无法大量繁衍的情况下，"大男人部落"逐渐萎缩，最后越变越少，直到濒临灭绝。这时候"食草男部落"应运而生，他们温柔、不张扬、安全无害、欲望寡淡，在女人身边甚至可以充当姐妹。

当然，食草男并不缺少爱，只是表达得太过温吞而全无炽烈。他们习惯收敛自己的情感，将其化作眼波里一汪善解人意的清泉，一旦有适当的机会，那温柔的泉水便荡漾过来，滋润肉食女们干燥的灵魂。于是，草原上从此和谐安康，岁月静好，水草丰美，万物生长……

当然，食草男的遍地蔓延也使得肉食女的数量激增。

凡事都是因果相成。主动猛烈的肉食女们喜欢驾驭爱情，喜欢坦荡地追求自己爱的人，含蓄温情的食草男人于是乐得被挑选和被追击，反正是你主动的，我不必负什么责任，要一场什么样的恋爱完全可以配合你，分手也不必有那么多借口和理由，你来你去，你谱成我生命中动人的插曲……

难怪20世纪90年代日剧那么风靡，难怪以赤名莉香为代表的肉食女们和以木村拓哉为代表的食草男们能够引起那么多的欢呼和追逐，原来他们正以或猛烈或优雅的姿态宣告着一个新时代、一个新恋爱模式的来临。

拒绝做玩物

爱上已婚男的女人都有过类似感慨——他没有爱情，他的生活很暗淡，他爱我，他需要我，我是他唯一的救赎……因为这样的自以为是生生不息，才造就了越来越多的婚外情。对于这样的状况，男人们自然是沾沾自喜。

女人经常把自己当成女神。如果她们都清醒地意识到，他不过是拿我当玩物，想必很多的悲剧就无从诞生。自欺欺人是可悲的，即使明显地看到他们的躲闪、犹豫、焦虑，还是挖空心思地安慰自己：他是爱我的，只是他更有责任感，不忍心伤害自己的家庭，应该理解他，应该不离不弃，学着走向不抱怨的世界……

一见钟情也好，日久生情也罢，如果他真的有责任感，就不会向你传达暧昧的信息。事实上，没有女人敢站出来宣称，自己美丽到足够令男人上刀山下油锅。在他们的情感评价系统中，信任总是排名首位，其次才考虑个人条件，大部分男人都现实得可怕。也就是说，好皮囊更不容易获得男人的信任——恋爱可以随便谈，择偶却是千挑万选！

在男人心目中，恋爱这玩意儿跟一切娱乐都可以相提并论，但娱乐不是生活的全部，只是固定风景中的小波澜、小点缀、小花絮。所有的婚外恋模式都惊人地相似——情欲膨胀地勾引，奉送无数甜蜜的承诺，逐渐恍惚地掉到现实里，随后角色开始变换，男人们总想逃，女人却被激发起了热情。

而那些单身男人，也不免有游戏的心态，只不过他们往往在暗地里考察，唯恐哪个环节疏漏掉，直到此女符合与自己共度一生的标准，才肯大张旗鼓将人娶回家。所以"玩物"的结局不外乎两种——要么不断地暗示，冷淡到你自己熄灭为止；要么干脆一脚把你远远踢开。

当然，现实生活中不乏个别女性最终修成了正果，甚至挤垮了原配的故事，但这种胜利又有多少欣慰可言呢？有些男人即便得到了，也没什么可值得欢喜的，既然他能抛弃秦香莲，日后难免故技重施。

不要养大爱情的胃口

常有人问我该怎么和爱人相处，为什么明明付出很多，对他很好，他却总不领情。她们动辄抱怨，他怎么那么不识好歹呢？

人和人的个性不同，相处的模式也不能一概而论，不过相信很多人相处不愉快的原因在于——不懂控制，随意地付出，导致他人胃口增大，一旦稍有怠慢，就会变成你的错误。

很多女人在恋爱之前，储存了浑身的能量，只等遇到一个合适的人，全部喷洒出去，全然忽略了该如何控制。

对一个人好，不要像倾盆大雨一样扑向他，这样只会将对方淋成落汤鸡，也许还会伤风感冒。让人最惬意的是绵绵细雨，点点洒落在发肤上亦不觉得唐突，只觉得空气湿润，甘之如饴。

有位妻子非常爱自己的丈夫，每天早起为他准备早餐，烫好衬衫，然后买菜做饭洗衣刷碗。丈夫过着皇帝一样无忧无虑的生活，下班回到家就是看报纸看电视，连电话都懒得接。其实她自己也是上班族，业余时间很少，把自己的全部都奉献给了那个男人。有一次她不小心摔伤了腿，需要卧床休息，家务的担子突然落到丈夫身上。起初丈夫还信心十足地拍胸脯保证没问题，可没过几天就开始抱怨腰酸背痛烦闷暴躁，甚至责怪妻子不该受伤！

妻子躺在床上泪眼婆娑，这么多年来对他的好非但没换来一句珍惜，反落得一身不是，区区几天的服侍难道他都不愿意承担？没错，这就是倾盆大雨造成的爱情重感冒！

当然，陷入爱情中的人很难理智地控制自己，结局也常常事与愿违。爱别人太多，就会忘了自己，其实自爱、理智、克制才能够更好地爱人。不计较回报的付出，很多时候是一相情愿的幻想，终究会在无限的奉献中感到委屈，直至抱怨和愤恨。

建议每一个投入爱河的人都要克制自己的激情，不要养大爱情的胃口，因为总有一天你会力不从心。纵然他是你一辈子不可能再有的爱情极致，也不要因此无限度地扩大自己的爱情因子，最后收获伤心和沮丧。

爱你的事，已成为过去

　　十年后的某一天，一个女人跟她的旧情人在街头不期而遇，曾经青涩的毛头小子经过时光的打磨，早已是风度翩翩、衣着考究、言谈得体的成熟男人。这次邂逅，让女人再次坠入爱河，想起了曾经的点点滴滴，觉得这么多年来，自己之所以一直情路坎坷，就是因为从来没有忘记他。

　　于是，女人抛弃了一切矜持，甚至忽略了自己曾经发誓永远不想再见到他，再一次发起了猛烈的进攻。她觉得，重逢是老天的安排，自己不应该再错过这优秀的男人。

　　没想到，他竟然拒绝了她！很有礼貌，微笑着摇头，并为拒绝向她道歉，他说："对不起，爱你的事，已经成为过去。"

　　女人觉得尊严受损，不停地追问："难道你一点都不念过去的旧情吗？难道过去的爱不能在今天延续吗？当年的你喜欢过我，现在的你凭什么不接受我?"

很多女人在:爱情里霸道又天真，总觉得爱情应该以自己的意志为转移——我喜欢你，你就该喜欢我；我讨厌你，你就该离开；我又喜欢你了，你就得回来……完全不顾及对方的意志以及大家生活环境的改变、时空的转换。总以为爱情会在原地等待，一旦结果不如意，就会怨天尤人，责备命运对她不公，别人对她太薄情，就是不愿正视自己的过错。

他曾经爱过你，不代表他一辈子都会保持这种情愫。也许是你不够乖巧，让他没有办法持久地迷恋你；也许是更好的人出现，夺走了原来属于你的那份关注；也许什么都没发生，只是曾经疯狂的感情逐渐淡了下来，淡到可以轻松地回归各自的生活——你无须再有我，我也不必一定有你了。

十年很长，她是不是真的爱他？或许只是年轻时一段尘封记忆被唤醒，感性的她顿时迷失了自我。理智的男人，能够直言现在已经不爱了，也是一种可贵的诚实。试想，如果他假装浑然不知，随她一起再堕情海，日后才冷冷告之，过去不爱了，现在和未来都不可能爱她，这种伤害太无耻了。

十年很短，他的生活里再没有丝毫她的痕迹。分手之后，遇到了各种女子，几经修正补充，最后形成一套专有的择偶系统。如果说他心里还为她留下了一点位置，也是因为怀旧的缘故，与爱已经毫无关系。

而她之所以会再次爱上他，是因为十年来她并没有得到比以前更愉快的恋爱，于是把所有的不快都归罪于这个男人，认为自己心里一直有他，才会没办法完全接受其他人，觉得他无形中亏欠了她，所以应该拿出最好的爱情来补偿。

　　当爱情已不在，索性就让它过去，不要总是清算它带来怎样的伤害，如何做才能获得补偿。聪明的你，理应感激他曾经陪自己走过青春的一程。过往的爱情，让我们懂得了伤感的代价，体会了相爱的真谛，未来的岁月会因此而丰满美好。

　　就保存这美好的记忆吧，把它放在属于它的小角落中，可以不时回味曾经的甜美和酸楚。毕竟，爱你的事，早已云淡风轻。

谁敢辜负

小时候看杜十娘，只记得她跟一个男人上了船，然后被卖了，饮恨跳了江。当时懵懵懂懂，他为什么那么做？因为钱吗？她又为什么自杀呢？

后来读到一本名为《小仙女》的漫画书，写一个美丽的小仙女爱上了凡间的王子，不惜化身凡人来爱他，而对他唯一的要求就是，不要爱上别人。可惜，他最终没能遵守诺言。于是，小仙女在伤心欲绝之中返回仙界，再也没有回来。

我弄不明白，书上不是说小仙女美丽、温柔、十全十美吗，为什么他会又爱上别人？

后来长大了，突然知道了一个词：辜负。

猛然间彻悟，原来那些我解不开的谜，皆是辜负。

似乎永远都是男人在辜负女人，而且受害者往往都是成色十足的大美人。换句话说，越是十全十美的女人，越容易被男人辜负。

不得不说张爱玲，她是我在看惯悲欢离合之后，唯一不能释怀的女人——那般聪明，一旦遭遇爱情，却比任何女人都显得笨拙。明明看清了那个男人的嘴脸，竟又一次一次地找着各种各样的奇怪理由安慰自己，她真的可以承受这种永无休止的辜负吗？看看她笔下的爱情吧，一幕一幕，惨不忍睹，哪段不是对所谓爱情的嘲笑？

她实实在在地恨着他的辜负，可是，又有什么办法？再寻找一个，谁知道是不是又一次被辜负？反正总是要被辜负，不如就被一个人辜负吧，心若撕成一片一片，恐怕风一来，自己都抓不住了。

有了这些血淋淋的事例摆在眼前，我不由得变得斤斤计较，敏感多疑起来，不肯多爱别人一点，在爱情里面算计着，小心着，随时将自己包裹得严严实实，唯恐突然被辜负。

我自觉没有张爱玲的宽容，没有杜十娘的勇气，没有赤名莉香的痴狂，我有的，不过是小女人一样的患得患失。后来虽然爱情屡屡失败，但是总结起来，都不是因为被辜负而告终，心里多少也有一些安慰。

那天一个朋友打电话来，说起了往事。她突然说，如果能像你那样洒脱就好了，永远不会受到爱情的伤害。在爱情里面永远都是你占有主动权。

我愕然，原来我在别人眼中，是这样的一副形象？挂断电话，我迅速地拨给以前的某位男朋友："对不起，突然有个问题想问你。

在你看来，我是不是从来没有爱过你？"

　　他说："这还用问？我们分手，不过是因为你不够爱我。"

　　我赶紧为自己辩护说："我不过是害怕用情太深被辜负。"

　　他说："用情深了谁敢辜负你？可是你为什么不肯多付出一点点呢？"

　　我无言。

　　如果张爱玲不是那么超凡脱俗地宽容，而是哭上一场或者闹上一场，胡兰成还敢那么堂而皇之地辜负吗？如果杜十娘不是义愤填膺地投了江，而是揪住李甲的领口追问他为什么背叛她的感情的话，他还敢那么薄情寡义地辜负她吗？

　　原来，女人的柔弱和认命造就了男人义无反顾的辜负。你风风火火去爱，轰轰烈烈去投入，谁敢辜负？

第七章

话不糙，理儿糙

一切都可以归结为缘分

我想，世界上的一切事情，大抵都逃不过"缘分"二字吧。

爱得欢了，是甜蜜的缘分；受着伤了，是破灭的缘分；痛到分了，是终结的缘分；分了却还爱着，是未断的缘分。

如果以缘分来分析爱情的话，那么一切爱情皆可以找到定位，一切遗憾也就显得不那么突兀了。

年轻那会儿很狂热，以为情感世界的各种姿态都可以轻松地去尝试，因而不太相信缘分。有的人爱到一定的程度，会用疯狂的举动吸引对方注意；有的人尽管爱情在心里绽开了花，嘴边却不敢吐露一个字；还有的人常常以决绝的面目出现，让分手变成常态……

有一些爱情，过程基本甜蜜美好，但中间的苦楚难以回避，因此往往没有令人羡慕的结局。事实上，只有充满了悲伤感的爱情，

146

才值得当事人记取。

我是爱着爱情的，于是才愿意在字里行间写那些阴沉的情绪，因为敏感的人，往往把爱情的细节看得特别重，所以生活得不怎么愉快——太多的心事埋葬在心里，长成郁郁葱葱的大树，枝叶上悬挂的果实，全是用辛酸和等待浇灌的。我愿意敏感的人看那些伤感的小说，因为只有他们，才能够准确地捕捉到我文字里想要表达的情感，不管用什么样的方式。

告别青春，走向成熟，是对爱的态度发生了巨大的改变。因为成熟，所以不再对爱抱有那么多的幻想，也不愿意再为爱折磨委屈自己，所有能够让我们崩溃的细节，现在看起来都是那么心酸。于是开始慢慢地相信缘分，因为缘分是一个温和的词，它的包容可以让任何难题都得到体面的解决。可是那些经年破损的爱啊，真的需要我们去铭记，去刻画，去留痕，去纪念……

从不主张带着青春的记忆变老，那样对未来的生活是一种不公平。但是我愿意每个人都能够记住自己的爱，那不是青涩的耻辱，而是令我们日后更加完善的基础条件。于是，开始懂得了什么是生活，什么是梦想。梦想发生在年轻的岁月里是一种幸福，如果等到老了才去梦想，那是一种悲剧。

我们的身体看起来不动声色，但灵魂仅仅是在间歇性地沉睡。很多人以为自己的爱情脉搏已经停止了跳动，其实那不过是暂时的休息，一旦遇到合适的机会，它会再一次疯狂地乱跳，扒着我们的心门，流淌出更多更多的渴望。

永远不要去嘲笑过往的痴狂，也不要鄙视经历过的爱，更不要试图将自己改变成另外一个人。你就是你，你就是唯一的你，你的容颜变了，心情淡了，但是你仍然只能是你！让我们用更成熟的思维去评价过去和未来的爱吧。以缘分之名义，一切的情感都会变得明晰起来，这是所有女孩走向女人必经的洗礼。

缘分难以言说，也着实秘不可宣。它可能仅仅是一种信念，无法触摸到，把握住，但是有了它的安慰，我们就可以化解一切的恨、埋怨、计较和悔意。以平和的心态去面对生活中的一切吧，努力把自己最好的姿态和最美的祝福送给那些主动和被动参与到你生命里的人。即使爱变成了云烟，也要让它定格在记忆里，记住曾经邂逅过如此美好的一个你，生命因此而变得别具意义。

幸福也容易被诱惑

伊能静和哈林十几年的婚姻，终因一次女主角与其他男人的牵手事件而瓦解。众人纷纷为哈林叫冤，更不解为什么伊能静已经拥有爱情和婚姻，以及可爱的小儿子，却仍旧不珍惜幸福，受到诱惑做出蠢事。

无独有偶，曾经让无数人羡慕的布拉德·皮特和詹妮弗·安妮斯顿的组合，也因安吉丽娜·朱莉野性十足的介入而分崩离析。在朱莉出现之前，几乎所有人都羡慕安妮斯顿好福气，能拥有世界上最帅男人的爱，安妮斯顿也毫不吝啬地将骄傲的笑容时刻挂在脸上，直到幸福被朱莉轻松摘取。

幸福不过是一个旁观者的定义，而幸福感只有当事人才知道。

谁能保证伊能静当真身在令人艳羡的幸福之中？大家之所以认定她幸福，主要是因为对哈林人品的信任，还有一些道听途说，而这其中又包括了伊能静在各种综艺节目中的自我渲染以及她在写作中的夸张。

辣妹维多利亚也曾经给全世界女人制造过幸福的假象。她控制了全世界女人都迷恋的贝克汉姆，让他甘愿听自己摆布，从装束到表情都被打上维多利亚制造的标签，让多少女人为此感慨不已。可惜，小贝的性丑闻终于将他们之间的幸福神话无情打破。虽然幸福被摔碎，却也安慰了万千女人的心——幸福只是传说，经不起推敲。

记得王朔的小说中曾经写过一句话：最怕女人赛幸福。

幸福是一种状态，这种状态也许是别人定义，也许是自己捏造。

女人一辈子都在追寻，只不过幸福往往无法企及，所以才有那么多人喜欢煞有介事地编织。说到目的，无非是想羡煞旁人，以满足个人的虚荣心，或者干脆为了欺骗自己，毕竟在冰冷残酷的现实面前，谎言是一剂良药。

因此，幸福并不可靠，更不是万能胶、防盗锁，能将安全粘牢锁住。诱惑这个魔鬼真实存在，同欲望构成一对双胞胎，欲望无孔不入，于是诱惑见缝插针，"幸福"随时随地都有崩塌的危险。

诱惑之所以能战胜幸福，还有一个原因是它让人看到海市蜃楼般的假象，认为幸福是可以升级的，只要踩着诱惑的天梯上行，最终就会找到更多的幸福。当然，结局几乎都是跌落谷底，非但没有找到期待的一切，就连之前的小快乐也统统丢掉，直到后悔无门。

幸福很脆弱，时隐时现，让人没有安全感，因此诱惑常常容易让人放弃幸福，不自觉地走向不归路。以前接触过很多出轨的案例，都说爱人不能给自己安全感，总是让人提心吊胆，只好选择往有更多幸福的地方飞去——归根结底还是没能战胜欲望。

生活总是如此，即便实现了所谓的理想，势必还有崭新的境界等待攀登，于是诱惑和欲望这对魔鬼双胞胎总有市场，总能得逞。

只有两种人不会受到诱惑的威胁：一种是禁欲者，这需要决心和意志，非寻常之辈所能及也；还有一种就是惜福者，明白自己的所得不易，不会轻易尝试放纵的滋味，从不让小失足造就千古遗恨。

他不值得你失去自己

陈琳自杀了。在北京东五环的某个小区跳楼身亡。

曾经唱着"你是你，他是他，何必说狠话，何必要挣扎，爱了就爱了"的陈琳，终于还是没能学会歌里的洒脱从容，而是采取了更加激烈和尖锐的手段，结束了自己的生命。只有 39 岁的她，选择死亡的日期是前夫的生日。

打开回忆的闸门，竟有那么多美丽的容颜为情所困进而香消玉殒——翁美玲、陈宝莲、筱子、谢津、崔真实、李恩珠以及更早一点的阮玲玉、上官云珠，还有那个让无数人感慨万分的三毛……当我们正迷恋她们银幕或文字的精彩，她们却早早地掐断了生命之弦，再无留恋，绝尘而去。

死者已逝，没办法求证她们选择死亡的原因，但自杀绝非一件简单的事，过程中又需要怎样的决绝和残忍？

什么能够击垮女人？是贫穷？是压力？是变故？还是挑战？事实上，有太多的女子敢于直面窘迫，在绝境中开天辟地创造佳话。但让人费解的是，再顽强的女人也难以跨过爱情这道坎，总是将爱情看得太重，把自己的幸福寄托在他人身上。一旦被辜负，意难平情难了，仿佛被凭空砍下的树枝，去留无处，于极度绝望中选择了断。

选择自杀的人都是勇敢的，可为情所困的灵魂又是软弱的。没有强大的理智去控制那些容易沉溺的小情绪，以致其蔓延全身，掌握了整个神经，最终无法自拔，被魔鬼俘虏。他真有那么重要吗？还是我们太爱自己，舍不得受一点委屈，才任性或者赌气地选择死亡，向那个亏欠着爱的他作终极的宣战？

只是，如此诅咒当真可以达到目的吗？26岁的翁美玲自杀了，汤镇业先生的演艺生涯也的确再无起色，但永失我爱的阴影并没有耽误他继续花花世界鸳鸯蝴蝶。除了一些无关痛痒的道德审判，他照旧结婚，仍然追女人，就在前段时间一身肥肉的他还与内地某女打得火热，其浪漫和纯情无不令人喟叹不已。

爱情的失败纵然是致命的打击，如果换个角度考虑，又何尝不是一次锻炼情商的好契机？有的女人正是在失恋的痛苦中自我反省，总结出很多爱情哲理以及两人相处的方式，为后来的甜蜜生活打下坚实基础，甚至摇身一变成了善于解决各类情感矛盾的专家。

其实，我们之所以容易被爱打败，是因为索取得太多，不甘心接受现实。如果可以明了"谁都不是为谁准备的"这句话，想必就会少很多的怨恨，多一些对他人的祝福。既然"你的出现是美丽错误，我拥有你可是并不幸福"，那么及时放手，是对别人的一种释放，也是对自己的一种恩赐。

生活中总有一些比爱情重要的事情吧？佛说世间有六道轮回，这一世来到人间并不容易，不知道等待或者修了多少辈子。虽然爱一个人很重要，可是慈父慈母的期盼，亲朋好友的温暖，甚至一盆花、一只小宠物的情感，难道不值得珍惜吗？与你无缘的人理当在适合的时候分开，死赖着一份已经没有意义的情感又是何必？

还有那么长的路要走，还有那么多的人要爱，谁都没有权利剥夺你的幸福，谁也不值得你失去自己。

越秘密越快乐

谈恋爱的时候，身后总不免有一票人跳出来，帮忙出谋划策指点迷津，甚至连约会的规划都提供好了——恋爱谈得如此不自由，宛如一场众人参与的嘉年华。

有的人谈恋爱恨不能通告全天下，朋友、家人，甚至很多年不联系的同学，别无他意，只为自己的幸福不忍独吞，要让所有的人一起来分享这份美妙的感觉。

不过，那些高调示人的恋爱往往不幸夭折。折戟沉沙的原因有很多，比如说，被朋友横刀夺爱半路"截和"。更多的则是，阳光底下无秘密，五花八门的关注和参与让这段情感变得乏善可陈，并最终随风而去。

有个女孩交了男朋友，没多久就带回家供七大姑八大姨检阅。热心的亲人们东一句评论西一句意见，每人都从小伙子身上挑剔出

了性情，幻想在别人身上找影子，只是徒劳。

你爱上的不是他，也不是原来的那个人，只是那一段让你无法割舍的旧时光。那段时间因为有他而变得美好，可是他早已经不在了，就算你赖在那片时光中不肯前行，留下的也只有虚幻的、不可触摸的记忆。理智的人会把这记忆安放好，收拾行囊走向崭新的未来，只偶尔拿出来温暖一下自己干燥的灵魂。有的人却没办法洒脱，任凭这些记忆绊住自己前行的脚步，明知已经不能回头，却被沉重的负累拖着，痛苦万分。

过去的爱只属于过去，它没权利制约你的未来。那段你根本不想摆脱的旧时光，像是一个魔咒，让你无法向前行。如果你意识到这个问题的话，应该尽快纠正那些对过去或者对某个人的留恋，任何人都没权利阻碍你前进的脚步。而那些留恋的时光或人，可能并没有给你带来幸福和满足，只是因为失去，才让一切变得珍贵而已。

这种情感并不是爱，只是一种不甘心。

不要照着书本去恋爱

　　菲菲又失恋了。她咬牙切齿地直斥那些教人恋爱的书刊都是胡说八道！自己分明是照着白纸黑字的爱情宝典步步为营，为什么还会失败？

　　恋爱恋到教条主义，这场爱情不失败才怪！

　　可是总有许多人喜欢所谓的爱情宝典，以为一本在手，胜券在握，从此就可以闯荡江湖笑傲情场。同理，那些教人怎么做人，怎么入职，怎么混社会，怎么玩弄权术的书永远都是那么地畅销。生活中迷惘的人实在太多，这些"指南针"便应运而生，充当起别人生命中的灯塔。

　　大千世界，茫茫人海，芸芸众生，想找两个相似的人何其艰难，为何天真地以为爱情可以概括成教条？遇到怎样的人会有怎样的对白，完全取决于你的身份、你的学识以及你的性格。灰姑娘有幸遇到英俊善良的王子，就想学习她的擒王高招，但你也许这辈子连王子什么样都不知道。有人嫁给了百万富翁，就想去学习她的步入豪门秘诀，但你身边也许全都是连温饱都无法解决的穷瘪三。环境造就了际遇，同样，环境限制了自己，因地制宜地面对人生，才是积极的态度。

我以为，那些写恋爱宝典的人，个个都是在情场里翻滚多年，用血泪和亲身实践提炼出了个人恋爱观。聪明的读者拿来看看，除吸取一些经验教训外，更可丰富自己的视野，提高自己的情商。如果真的教条到拿着人家总结的定律去依葫芦画瓢，只会处处碰壁，甚至让对方觉得你莫名其妙，反而得不偿失。

其实命运对大家都很公平，它给了我们很多磨难，也给了我们很多宝贵的经验。聪明的人会利用这些经验一方面警戒自己，一方面提醒别人，而有的人却后知后觉，不珍惜命运给予的自学成才的机会，白白蹉跎了好机会。

一句话，别人的经验未必适合你，这世界没有绝对的情感专家，只有不断成长起来的经验达人。而他们的宝典，只适合于他们自己，你自己的宝典，需要你自己去实践和总结。

贫贱时期的爱不可靠

很多人歌颂过贫贱时期的爱情。一文不名,靠着一张擅说海誓山盟的嘴赢得美人芳心,演绎一场惊世骇俗的浪漫传奇……此类桥段显然无可厚非。可惜,这些爱情并不一定可靠。

没有保障的爱情,犹如沙滩上堆建的大厦,稍有风吹雨打,就会立刻塌方。

为什么贫贱时期容易发生爱情故事,而一旦环境改变,就会感觉自己爱无能了?遥想当年,大家都有恃无恐,反正一穷二白,生命中没有什么是割舍不下的,可随着环境改变,事业、地位、面子逐一丰满起来,思前想后,总要为自己的处境考虑吧,于是也就渐渐淡忘了昨日为爱痴狂的辛酸记忆,凭着已经过去的时光,无尽缅怀。

贫贱时期的爱,大部分是一见钟情,从来没有考虑过现实生活,只知道喜欢上一个人,就疯狂地陷入,恨不得爱到神经衰弱,而发迹之后则更注重实际用途以及个人利益。陈世美在遇到公主之前一定也非常爱秦香莲，但是当他由一个穷小子摇身变成高贵的状元，可以迎娶公主当上人人羡慕的驸马爷时，他对秦香莲的爱也就模糊一片，直至烟消云散了。

人海中处处都有陈世美，你卖鸡蛋卖家当卖血努力让他风光，他跳过龙门却将你抛诸脑后。贫贱时候的爱，是他日后风光无限的羁绊，你这边相信他曾经信口开河的誓言，他则要为旧时候荒唐的爱买单喊冤。爱情从来就是一件无奈的事。

如果一直没有改变贫贱的环境，那么这种爱也可能会生根发芽，开花结果，不过这时候的爱已经不再是爱，而只是一种顺其自然的无奈延续。因为没有资格再选择别人，只好对身边的人忠心耿耿。爱侣一旦堕入生活大网，便会发觉贫贱处处悲哀，在沉重的现实面前，爱情显得多么别扭和可笑。吃不到一碗面的人不会盼望着一座玫瑰园，连胭脂都买不起的女人会被岁月迅速地催成令人厌烦的黄脸婆。

富贵的爱情未必多好，但至少有保障的爱情比较实在。许多人发达之后都会抛弃曾经的爱人，只有在酒醉后才会故作姿态地表示自己多么重感情，多么想念那个时代。在经历了极多的沧桑后，再回头去找寻当年的爱人，那根本不是爱，只是潜意识里的愧疚和责任在作祟罢了。

贫贱时期的爱情不值得赞美，因为它只是一种狭窄的选择，只有经历过风雨后牵起的手，才是生命的真实。

相爱是有风险的

生活总是公正的，有怎样的现实，就有怎样的浪漫。

有的人结婚看重的是金钱、地位、生活品质以及未来的保障，有的人则统统不屑一顾，什么车子、房子、票子都会玷污爱情的纯洁，有条件和目的的婚姻不是他们想要的。

爱情至上的信仰我很支持，不过，当真落到现实世界，有很多问题就不是爱可以解决的了。

比如房子，如果不把房子考虑到婚姻之中的话，那么只有租房——总不可能浪漫到以天为被以地为床吧？租房当然没问题，不过房子毕竟是他人的，你没有办法保证自己的居住期限，一年，两年，或是五年？有一对租房结婚的朋友，婚后一年就怀孕了，没想到房主突然用房，八个月的身孕却要面对搬家的噩耗。没有办法，只好挺着大肚子重新来过，粉刷、收拾、布置，把一切都弄妥之后，孕妇大哭了一场。没有房子的婚姻确实像无奈的游击战，谁都不知道下一个战场在何方。如果一年搬家数次，就算再浪漫的情调，也会在这来来回回的搬卸和灰头土脸的布置中消失殆尽。

再比如说存款，恋爱的时候有情饮水饱，婚姻却完全不是那么回事，每月都有一大笔固定支出要安排，水费、电费、煤气费、电话费、柴米油盐酱醋茶……再加上额外支出——应酬请客，买衣买鞋，周末大餐……生活像一张巨大的嘴，只有不断地往里填充才能得到满足和稳定。千万别小看了物质，有物质参与的婚姻未必幸福，可是没有物质参与的生活一定不幸。

所有的爱情最终都会平淡，取而代之的是投入到轰轰烈烈的生活琐事中来。当然，并不是说金钱和房子有多么重要，有很多的夫妻都是白手起家，一起努力，为自己创造了稳定的生活基础。不过前提是这俩人都有努力打拼的勇气和能力，还要有对彼此坚定的信任和对未来顽强的信心，缺一不可。

相爱有风险，所以在选择婚姻的时候一定要谨慎，这关乎你将会过上什么样的生活。也许有的人天生超脱，如同《不见不散》里的葛优，十年美国生活最大的收获就是"享受生活的每一天"，一辆破房车就可以住得幸福快乐，那又是另一种人生境界了。

总之，选择过什么样的生活，你自己说了算。

爱情不是美女帅哥的专利

有人百思不解，美女相亲为什么容易遭遇失败。见面前全都是狂蜂浪蝶，几次交往后却不怎么再联系，这是为什么？

当真是美女的条件太高？未必全是如此。

我们经常惊讶，大街上长相平凡的男女怀里都有着甜蜜的伴侣，落单的反倒是一些耀眼的帅哥美女。难道他们不应该是爱情中的宠儿吗？身边追求者众多，挑选的余地也大，怎么会单身呢？

尽管帅哥美女容易给人留下良好的第一印象，可是时间久了，相貌退居其次，性格的成分便参与进来。就像求职一样，名牌大学或者知名企业的从业经历虽然耀眼，用人单位自然倾向于优先录取，但在岗位实践之时，能力变成第一位，这些附属的优秀则越来越显得不那么重要。

毫无疑问，帅哥美女拥有强大的气场，但那些仰慕者，却未必会愿意把他们当做知心爱人。道理很简单，靓丽的外表让别人找不到"归属"的感觉。难怪有诗人感慨，你可能会选择与一朵玫瑰恋爱，但是更多时候你会选择与一朵康乃馨结婚。

更多的人会选择平凡一些的草木，因为娇贵的花草成本太高，维护起来劳心劳形，而结局未必欢喜。还不如踏实地选一盆适合自己的，不用全力以赴地打理，却或许会有意想不到的效果。

爱情不是美女帅哥的专利。见面之前，所有的幻想都只是单方面的容貌倾慕，而真正的恋爱必须落实到相互接触之中。你的言谈举止、你的为人处世、你的人生态度、你的价值观念，甚至你对饮品和食品的喜好，都会被列入考虑的范围。一旦发现与自己不适合，大部分人会选择放弃，明知山有虎偏向虎山行的猛士毕竟太少，除非你的魅力大到已经让他分不清东南西北。

自我检讨一下，你是否因为自己的外在条件好而有些傲慢，或者你没有把内在的魅力施展出来？你的照片是否同本人差别较大，在见面之前他们对你抱有过高的幻想，实际见面的时候因落差而变得失望和消极？

相亲失败是一件很平常的事情，每一粒沙子都在茫茫尘世寻找合适的另一粒沙子，人也是一样。能够遇到相爱的人，不是件容易的事，不要因为一两次的相亲失败就气急败坏，耐心等待属于你的那个人吧。

第八章

一键式搞定柔肠百结

只是爱上了食堂

　　几年前我做了一份很不如意的工作，专业不对口，发展空间小，同事关系复杂，薪水也不高，还经常熬夜加班，但是我一直没有辞职，原因说起来很好笑——这家公司有一个非常棒的食堂。

　　每到午餐时间，大家就迫不及待地去食堂排队，这里不仅菜式繁多，味道超好，而且价格便宜，一顿丰盛的午餐一二十元就可以解决，保证有鱼有虾，还有免费续杯的咖啡以及新鲜的水果……美美吃上一顿，好像工作的烦恼全部都忘掉了。

　　因为一个食堂而不舍得离开讨厌的工作，听起来像是笑话，却是很多职场人真实的生活写照。

　　恋爱不是一样的？有时候你明知这个伴侣品位不高，性格不好，但是却无法离开他，因为那些附带的优质条件。比如说，他浓眉大眼仪表堂堂，或者是名校毕业博士加身，甚至是他家境优越，你们结婚后可以不必为贷款发愁……

世间不如意事十之八九，我们太难找到合适的工作、合适的恋人。所以，尽管明知目前这是鸡肋，却因可以满足平淡生活的幻想而抓着不放，毕竟失业或者失恋是令人尴尬的事情。这貌似人间悲剧，又仿佛是场喜剧——至少我还没有失业，至少你还拥有爱情。

或许，只有那些生性洒脱的人，才不屑于这样的牵累。但对大多数人而言，这些附加条件更像是自我安慰的借口，让他们觉得生活还没有那么糟糕，可以用一种阿Q的精神来说服自己，以免陷入沮丧的境地。

这种情况其实并不长久，它只是一个短暂的存在，只要有合适的契机，这种情况就会改变。我后来还是离开了那个公司，临走的时候去食堂吃了最后一餐。新公司没有那么好的食堂，吃饭还要走一段很长的过街天桥，但是新工作让我愉快，除了吃饭，我们更应该让自己大部分时间保持愉快。

那些因为房子、背景、学历等附加条件才会相恋的人，一旦邂逅心灵之爱，想必也会迫不及待地放弃早已经厌倦的鸡肋，奋力向着阳光彩虹奔去吧！

当然，也有人倡导安全第一，固执地守着那个不爱的爱人，一边享受着那些额外条件带来的小小喜悦，一边为人生的不完美深深叹息。

精算爱情，保持清醒

虽说爱情没道理可讲，但恋爱绝对是有规律可循的！

忽视爱情理论的人往往在实践中不得章法，寻爱的途中自然处处碰壁，连怎么结束的都不知道；空有爱情理论的，则常常是知易行难有心无力，屡屡尴尬地错失幸福的主动权。要知道，恋爱当真不是一门简单的学问，只有掌握了规律并能够熟练应用的人，才有可能达到自己的目的。没错，恋爱确实像是一场阴谋！

女孩子不要试图复制爱情童话，想被王子捧在手里，至少你要看起来像个可爱的公主。男女之间的博弈游戏，有点像掰腕子比赛，力量、耐力以及平衡感缺一不可。

有人喜欢装酷，但装酷也得有个限度，一味地拿自己当大小姐，后来肯定会被长工狠狠地抛弃。要知道，万物有情，众生平等，只有懂得尊重别人，才能够赢得同等的尊重。他爱你，自然会宠着你，这些都不是摆摆姿态、耍耍性子就可以要来的。

他天天在忙，顾不上主动与你联络，手机总是无法接听的状态，难得的约会也常一副心不在焉的神情——他根本不爱你！别用"其实他对我还不错，只是不善于表达"来麻痹自己了，他选择跟你在一起也许只是因为寂寞。一个男人要是真的爱上你，他肯定想让全世界都知道！

永远不要为了讨好他而随声附和，事实上，谁都不会喜欢人云亦云、缺乏思想的人。除非你美艳不可方物，以至于个性和智慧都成为负担。只不过，花瓶总有看腻的时候，解语花则每每带给人惊喜。

男人都想当骑士，千万别剥夺了他这从儿时就有的梦想。如果你凡事都习惯冲到最前沿，急不可耐地表达自己的爱，他自然而然变得不再积极主动。艰难征服永远比唾手可得刺激，所以即使你已爱到不能自拔，也别忘了照顾他的英雄情结。

请相信，他不是你生活的全部，不要把时间、精力、钱财等统统交付以博取幸福；同理，你也不是他生活的全部，在他的世界里还有父母长辈、兄弟姐妹、同学同事、狐朋狗友、足球啤酒……如果你拿爱要挟他，心田里只留下你一个人驻扎，他迟早要落荒而逃！即使不离开，也会对你充满抱怨，你的爱并没有给他带来快乐，却把他变成你的殖民地。

总之，懂得爱自己，适度爱别人，保持清醒，精打细算，你一定可以让自己的爱情愉快地走下去。

河水到底有多深

　　有女孩跟我诉说心事，说从小就很羡慕那种金童玉女的爱情，但是长大后，看惯了美女嫁豪门、穷小子傍富婆的现实世界，觉得好可怕。爱情到底是什么？是不是都跟传说中那么可怕？生活和爱情到底能不能兼容？到底应该爱上落魄穷小子，还是舍弃爱情嫁给一张长期饭票？

　　《小马过河》的故事，我们都不陌生。小马要过一条深浅未知的河，老牛说水很浅，还不到膝盖；松鼠却说河很深啊，会送命的……它们都没有说谎，只是标准不同，于是同样一条河有了不同的评价。小马开始犹豫不决，河到底有多深？它站在岸上徘徊，迟迟不肯下水去。

　　如果不亲自去测量，谁也不知道。

　　恋爱的道理也是如此：有人说找伴侣要找互补的，有人又说要找志趣相投的，两种说法都没有问题，只是什么样的适合，唯有你自己才可以判断。

当然，这其中包含了许多复杂的元素。比如说，你本来不喜欢话多的人，却可能因为欣赏某某，进而感觉他口若悬河的样子其实很有吸引力。同理，本来你心仪沉默的类型，却可能因为讨厌谁了，便认定那个他木讷、呆傻、毫无情趣。

也就是说，在判断一个人是否适合自己的时候，情感因素占据了很大的比重。你喜欢的时候，他所有的失误你都可以理解；而当你厌倦了，他的任何优点在你看来都是理所当然的。

这并不是说你盲目，情感色彩向来是人类的本能。他到底好不好，到底适不适合你，其实很大一部分原因在于你看他顺不顺眼。朋友说他够成熟够稳重，可是你偏爱的却是活泼调皮的类型，那你只好和他说拜拜了。

迁就和理解都建立于好感之上。对你有好感，才会找借口来否决你的不对，才会原谅你不小心做错的事情，才会给你机会让你改过自新。反之，讨厌你，便会挑剔且嫌弃你的一切。

日常生活里面，我们总是面临选择。小到午饭吃什么，大到嫁什么样的老公，这些问题的决定权其实都在自己手上。别人的经验，适合彼时彼地的他们，但未必适合此时此刻的我们。几乎所有人都在追求所谓的满足感，但是很少有人能够达成所愿。

就好像选择一件化妆品，最重要的并不在于它的口碑如何，售价多少，而是它是否适合你的体质与皮肤。适合与否，其实只要尝试一次就知道了。

如今社会的浮躁的确让很多怀有美好纯洁爱情梦的人沮丧，婚姻变成很多人攀登梦想的工具，也让更多人避而远之。

别人的意见永远是一种借鉴，只有亲自体验实践，才是最好的选择。小马在对岸悠然地想……

一定要讲出那句话

后来的后来，大家与周遭的人一样，匆匆忙忙恋爱，热热闹闹结婚，沿着正常的人生轨道行进，故事趋于沉静。

平淡下来的人喜欢回忆，当然回忆不都是美的。仿佛最遗憾的事，都是没能在最美好的时光里说出一个"爱"字。这样的感情，曾经那么揪心，越是面对喜欢的人，越是始终讲不出那句话。来来往往的迟疑，随着时间流走逐渐枯萎，造就了大多数夭折的浪漫故事，当然，也成全了未来很多美丽的回忆。

明明喜欢一个人，为什么爱你在心口难开呢？

有的人面对自己的心仪对象，立刻变得战战兢兢、脸红心跳。也许因为太年轻，把握不了自己的情感，所以宁可让它埋藏在自己心底，也不肯拿去跟对方一起分享。

有的人早已衡量出了那句话的分量，觉得自己无力承担这份沉重，于是忍痛割爱，将美好置放心底，一切付诸东流水。

还有的人，无论心里有多么喜欢，见到那个人却仍旧摆出冷冰冰的模样，心底倒是盼望出现奇迹，自己坐享其成。

不同的原因，不同的结局。有的人把曾经那么喜欢的对方遗失在茫茫人海；有的人还跟喜欢的人保持着平和友好的朋友关系，心底的火花却随着时间的流逝逐渐磨灭，变成一种习惯性的关怀和眷顾；更多的人后来连喜欢过谁都不记得了。我们总会长大，都会成熟，成熟的代价有时候就是丢弃我们青涩难言的青春。

更多的人，即使成熟仍很念旧，对于发生在自己生命中的感情无比迷恋，对那个人的牵挂还是会常常提醒她们的灵魂——他怎样了？现在变了多少？生活如意吗？爱情还幸福吧？事业还好吧？已经找到自己心爱的人了吧？那种带点辛酸的浪漫，可以让我们对人生进行一些微妙的批判。

是啊，我们往往抱怨命运，怪罪缘分，甚至莫名其妙地指责年纪，好像造成这些遗憾的原因，全都与我们自身无关。或许大家都习惯于自我保护，独善其身，怎么舍得对自己有一点苛责？

然而，为什么不讲出那句话？

无论如何，总是有一半的赢的概率，即便输了，也可以让自己心安。当然，最完美的故事是，对方也在喜欢着你，也像你一样不敢表达，你的勇敢成就了两个人的幸福！就算对方不喜欢你，当他获悉你单纯而热烈的情感，心里应该也是欢喜的。喜欢一个人，并不一定要换取他的回应才算圆满，有时候，把自己的心事表达给那个人，同样可以达到某种灵魂的满足。

《只给女孩子看的书》很是美妙，里面讲了很多很多女孩子成长的感受和秘密。里面有这样一章，如果偷偷喜欢上一个人，如何写好情书呢？答案非常简单——从这一刻起，让我们闭上双眼，坐在信纸前，拿起笔，假装你就是你自己心仪的男生，想象他读到什么样的文字会喜悦，你如此那般照做就是。

不禁让人哑然失笑。我们只是站在自己的位置上遥望着，怎么能够知道他心里在想什么？不过有一些话，是每个人都愿意看到的，由衷的关怀、贴心的问候以及真诚的赞美，都可能会在一些特殊的时刻给他温暖的安慰。

喜欢一个人，对他表示出爱慕，让他明白自己的心意，这并不是一件羞耻的事。说出那句话不一定非要当面说，情书真是个不错的载体，同理，电话也是非常好的工具。也许表达不用那么直接，仅仅是点到为止的暗示就够了。

是的，在多年以后，我们不想因为当初没有勇敢地讲出那句话，而留下深深的遗憾。

每人一件脏衣服

　　一次聚会中，几个朋友山聊海侃，都把话题集中在一个最令人感兴趣的问题上——你最亲近的人，会不会有不可言说的秘密？

　　当然，每个人都有隐情，自然会暗藏心事。即使最亲近的枕边人，你早已熟悉他所有的生活习惯，记得他的口头禅，数清他有多少根白发、多少颗痣，但对于他的内心，那些隐秘角落里的自留地，你究竟了解多少？

　　爱情中暗藏的秘密，就如同一件雪白衣衫上斑驳的黑点，远看无甚影响，靠近就会发现真相。而这对衣服的影响，也许比你想象中的大很多。如果污渍无法清洗，你会选择抛弃吗？当然，爱情不是脏衣服，没有扔掉再换一件那么简单。

　　秘密是个敏感的字眼，拥有无穷无尽的威力。秘密如一锅焖好的饭菜，一旦揭开盖子，面对那热气腾腾的未知的现实，你会以什

178

么态度面对？

每个人的心，都是一面只朝向自己的镜子。除非你拥有紫霞仙子一样的功力，能够跑到心上人的心里面，去跟那个椰子状的心脏对话，否则很难查证事情的真相。

事实上，秘密往往带有伤害性，因其程度的不同，给人伤害的轻重也各异。如果你没有强壮的心脏和坦然面对惨淡人生的勇气，那有一些隐私还是不碰为妙。或许，揭开那些角落里覆盖的杂草，你会发现竟然有自己不能承受的惊讶。

换个角度言之，那些专属于你自己的秘密，如果不是迫不得已，也让它沉落在心底吧。或者在决意敞开心扉之前，先问一问自己，这样做的原因是什么？说出来结果又会怎样？诚实会把事态弄得更糟还是有助于问题的解决？他会真正理解并帮我摆脱困境吗？当然，你还要考虑用哪种方式表达更妥当，有一说一的直白会不会引发猜忌甚至伤心？

脏衣服毕竟有碍观瞻，甚至还影响健康，所以需要加以处理。但在爱情进行时，并非每一个人都掌握了袒露秘密的方法，而有些事情，还是不知道的好。

隐忍一次爱

一直被那些隐忍的细节所感动。

比如说，无比怀念情书时代，那些白纸黑字的感动和路途遥远的盼望。因为一切爱的结果都需要时间去沉淀，经历了不安、紧张、等待和急迫之后，爱的纯美或惨烈才显得分外珍贵。

如果不是等待中的延误，《半生缘》里就不会有多年之后的欷歔感慨；如果不是因为信息的失误，《魂断蓝桥》也不会有那般凄美得让人心痛的结局。此刻的我们或许已经无法理解这样的感受，数字化的时代，仿佛拿起电话就能搞定一切。随时随地可以爱，任何人都可以爱。一切都是你情我愿，不合则挥手拜拜，大步地走开。

多么悲哀的迅速。

爱，这个神圣的字眼，在速食的背景下日益变得模糊又可笑。

这样的年代，我们拿什么事去感动自己？

难道只能从那些早已不再流行的桥段，或是简朴得令人发笑的歌词里，才能找寻到一丝深藏心底的感怀？我们对于爱情的向往，何时变得遥不可及？

就让我们隐忍地爱一次吧。

不要那么快把爱说出来，不要那么快应承或者拒绝。让这样的一份感情，披着神秘的面纱，做一个动人的谜面吧。让那个对你示爱的人惴惴不安一次吧，让他不要那么快明了你的心意，让你们的爱与众不同起来。

情人节接到他的玫瑰，等到一个月后再回应这个惊喜吧。

在不算漫长的 30 天里，你有足够的时间去想象你与他之间的关系，好的，坏的，他的莽撞或者纯真，他的孩子气以及善良，他会爱你多久，他会对你多好，他会如何给你带来感动……

一切，都让时间来过滤，你愿意尝试一次吗？

即使是拒绝。

又或者说，时间总是会带来传奇，我们不要再那样地忽略它，无视它。试着看看时间会带给你什么。

习惯就好

初出江湖，某事临头，总不免诚惶诚恐焦虑万分；如果再次遇到，因心里有底也就不再惧怕；几次三番之后，早就把最差的结局想好，一切都变得自然从容。通常人们把这种境界叫做成熟。

不过，成熟的人非常没劲，自我保护意识特强，将自己包裹得刀枪不入，很难主动奉献，都是走一步看一步，唯恐哪里亏待了自己。

在我们还不成熟的年代，连自己都不拿自己当宝贝，却总是听信一些贱人的谎言，什么只爱一个你了，什么永远不变心了，直到人家转身离开好久，自己却还沉浸在美梦里不肯醒来。

事实证明，有的人屡教不改，一次一次，越挫越勇，绝对拿自己的身心不当回事，总觉得为爱死过的心有一天还会活过来。无论经历什么样的沧桑，在某天遇到某人还是会疯狂，于是又一轮轰轰烈烈，要么修成正果，要么再一次沮丧。

受伤也好，得到也好，习惯就好。

每次恋情虽然不同，但是其发展趋势大致相同。起因、经过、结果被安放在不同的时间、地点、人物上，偶有新鲜，也会很快转回原轨。

全世界的男人大都如此，在相恋之初总是目光炯炯，口吐莲花。当然，如果是你主动展开追求，那就只能等待人家在被感动之余，给你一点爱。因爱而压抑的尊严总有一天会不堪重负，那时候你的委屈你的眼泪都是活该。既然叫嚷着"爱我所爱"，就要承受得起代价。谁都是一样，得到与失去永远相辅相成。

也有例外，有的人略使手段，勾对方到手，然后迅速把自己的角色转换为被追求者，进而坐享其福。只不过，那是情商极高之人才能掌握的技巧，我类 EQ 零蛋者要修成此等功力得等来世，只能左右攀登上下求索。

其实，任何选择都有不如意之处。生生息息在一起难免相看两厌，悲悲切切离别者的梦想却是相守相望，个中波澜壮阔者祈祷平淡，平凡通俗者夜夜梦到惊天动地……

别人的生活一样糟糕，也许还没有你好。

只是，无论多么悲惨或者多么平淡，只要习惯，一切都好。

为爱受委屈

爱上一个人，便开始了一趟艰难的行程。

相互携手也好，一路跟随也罢，不知道什么时候，开始觉得自己委屈。

他对你不好吗？他不关心你吗？他心里并非只装了你一个人吗？

渐渐地，你再没有阳光明媚的笑脸，取而代之的，是无穷无尽越来越重的猜疑。

在乎，便成灾难，何况是爱上。

为爱受委屈，是每一个先爱上的人都有深刻体会的痛，莫名其妙却又如影随形，而他竟那样后知后觉，毫无感应。

为爱受委屈，是在风雨中为他送一把伞，看到他笑成一朵花的容颜绽开在别人面前，那一瞬间会有微酸跑上鼻尖；为爱受委屈，是精心策划一个美好的夜，去纪念属于你们的某个节日，而他居然将这些忘记。

爱，是多么奇妙的事情，那么多的情丝暗连，那么多的零碎细节。

总有很多很多的话想要说给他听，却又害怕他觉得琐碎；总有很多很多的心迹想表明给他，却又害怕他觉得负累。他一皱眉，你的世界一片漆黑；他一微笑，你的世界漫天花开；他一出现，你恨不得抱着他哭泣；他一消失，你六神无主失魂落魄……太夸张了，太夸张了，可是在爱里，谁能够清醒，谁可以理智？

先爱上，注定了你要受委屈，你不能忍受他的一点忽略，也无法接受他的任何指责。你开始每天疑心重重，自己会不会不太美，他会不会喜欢，他会不会太随和让其他的女子误会……满脑子都是他，爱是这样地甜美，这样地折磨。

总是想证明他是爱着的，他是在乎自己的，于是软磨硬泡，想套一句"我爱你"，却比登天还难。所以开始不断地拿一些鸡毛蒜皮的小事闹别扭，不理了，赌气了，说狠话了……没有把握他每次都会有耐心哄你，却还想知道他会不会如歌里唱的那样将你捧在手心上。也始终不明白，为什么别人的爱情是那样地光鲜，挽着手勾着肩在大街上亲热，似乎很容易达成永远。

太委屈。因为对情对爱从不亏欠，却无法说服自己安心在明明白白的位置里。

讨一点在乎，一点宠爱，一点回馈。即使是一些小感动，也可以将自己弄哭。

他开始疲倦，开始抱怨，开始感慨女人心海底针。

他不过是一个太粗线条的大孩子，往往容易忽视你的一片柔情。他爱着你，但是他更希望爱情可以令生活变得轻松，如果这份爱拖累得他失去耐心，曾经的亲密关系也将变得摇摇欲坠。

爱得狼狈不堪的你，其实应该心疼自己。

世间每个多情女子都能够理会这种感触——爱上他，爱得那样温柔，把委屈留给自己，想起来，却是带着微笑的甜蜜。

爱，总是难以言说的。

何必苛求爱的证据

在经典老歌《情书》中，张学友向听众讲述了一个辛酸而无奈的故事：有位失去爱情的女孩子，苦苦地抓着原来的情书，抓着他曾经为她哭过的证据，以此说明那个人真的爱过她……可惜爱不是几滴眼泪几封情书，那些带有浪漫标签的爱的证据，会因感情的终结而消失殆尽，只可惜，当事人不肯相信如此结局。

即使在热恋中，也有很多人喜欢找寻"爱的证据"，比如说，他愿不愿意为你等在风雨中，浑身淋湿浇透；或者说他是不是记得你的生日，过马路时他会不会牵着你的手，在朋友面前他是否甘愿接受你的奚落……

当然，如果他为你彻夜苦等，时刻记得你的生日和你们的纪念日，过马路一定会拉住你的手，甘愿在众人面前示弱，给足你面子，这些可以证明他爱你，宠着你，一切以你为主。但如果他没有做到这一切，也不能说明他不爱你，最大的可能是，他根本就不是这一种人！

有的男人天生具有保护欲，又兼备细心的特质，所以会在不知不觉中做出许多爱的表示，让人觉得心里温暖而感动。但是大多数男人比较粗线条，他不见得会时刻把爱情放在第一位，也未必整天想着逗你开心。在他们看来，爱情是互相付出，互相取悦，是自然而然的事情，不需要刻意去讨好，但是如果你遇到困难和麻烦，他一定会义不容辞地出现，比较起来，难道这不算爱吗？

急于寻求爱的证据，通常是自信不足的表现——对感情缺乏安全感，总想抓住一些实在的物件儿安慰自己。但就算你收集了很多他爱你的证据，也没办法确保爱不会随着时间的改变而消失。

恋爱这件事除了彼此个性的契合，还需要一点点运气，遇到双方都互相喜欢的概率很低，更多时候对方并没有你想象中那么爱你。聪明的人会开动脑筋，为彼此创造更多机会来加深感情；消极的人则总是郁郁寡欢，整天沉浸在怀疑中，把自己折磨得精神崩溃，对方亦感觉"幸好没有爱上你"。

恋爱的时候，尽量让彼此保持愉悦吧，即使感情的发展并不如意，也不要因此怨天尤人。苛求爱的证据不会为你的感情上完美保险，只能让你在辛苦的寻觅和积累中越来越失落。

第九章

如果有一天，咱俩不再互相稀罕

不爱了，便垮掉

　　古文里有一个刚烈的女子——霍小玉，得知心上人舍弃了自己后含恨而死，临终前写下惊世骇俗的遗言：我死后变成厉鬼，使君妻妾终日不得安宁。

　　这故事之所以轰动千古，自然是因为几句决绝的话吸引眼球。遥想当年，男人大多负心薄情，女子从来低眉顺目。个中翘楚会选择写几首怨妇诗，或者干脆跳了河，是耶非耶，一缕香魂断绝。但像霍小玉这样怨恨加诅咒，哪怕做鬼也不放过负心汉的女子，绝对是前无古人。

　　有一类女人，她们不认命，爱的时候轰轰烈烈，不爱了，俺就是要讨个说法。说不明白？那我要搞臭你！还记得那个饶姓女子吗？几度哭天喊地面目狰狞，几度义正词严之凿凿，誓要把那个以厚道形象示人的老前辈拖垮。据说那所谓的录音带，只听到了一个苍

190

老而忧伤的男中音：你非要搞成这样干什么呢？

不爱了，撕破脸，无情在先，不义随后，反正爱已不在，也不要留什么美好了，统统都滚蛋！不是当诺言是儿戏吗？一时间，恩爱归零，男人无力对抗，女人凄厉毁灭。左一回合右一回合，不玉石俱焚绝不死心，最后连看热闹的都在无趣中散场。

当然，我们有理由相信，爱确实来过。那时候，你有情我有义，你侬我也侬，世间始终你好，全世界皆因对方而闪光。可是，什么时候，爱不在了，我不爱你了，你也别再爱我，老死不相往来就此拉倒……徒留晚醒悟的一方，在残忍的事实面前呆若木鸡。

经典电影里，遭弃镜头往往这样处理，女人嘴角微微颤抖，眼泪满眶，后退几步，指着绝情人，口里念着："你，你，你……"然后猛然转身跑走，无比的悲愤也不过就是一场绝望的哭泣。现实里的处理措施可要丰富许多，有的人选择一笑而过；有的人选择绝口不提，不再见对方，一辈子遗忘他；还有的人，会用粉身碎骨的方式去对待——实在因为爱之愈深，责之愈切。好好的一番情谊被辜负，使出浑身的解术只为你永不能将我遗忘。

你可以不爱我，可是你永不能将我忘记。

这也许是爱到最后，唯一的挣扎，唯一的残留，唯一的一搏。

男人的分手和女人的分手

有一个失恋女孩跟我哭诉，她不明白为什么以前自己无数次说分手，男朋友都不同意，回回都展开自我批评，然后倍加珍惜这份感情。可现在他竟然提出了分手，原因是感觉很累很疲惫，已经不想再继续。随后就是电话关机，拒绝见面，无论用什么办法，都不再给她挽回和改正的机会。

女人经常把"分手"挂在嘴边，随时随地拿出来秀一秀，以为这样可以获得对方的"在乎"和"紧张"。分手就像是爱情调味剂，非但不会成真，还会加重恋爱的趣味。

但对男人而言，这是一件不可思议的事情。听某男谈起过，女朋友提出分手，他同意了，因为他觉得自己做得不够好，对方提出分手合情合理。结果女人大吵大闹，甚至大骂男人薄情寡义不是东西。他实在无法理解女人的这种奇异表现——明明是她提出了分手，难道还不允许自己答应?

事实上，女人在恋爱的时候常常患得患失，敏感而且神经质，总是担心对方不在乎自己，害怕在恋爱中处于被动地位。在她们看来，检测的最好工具就是分手，半开玩笑半认真地提出，对方的反应足以证明自己的重要性。

拿分手当家常便饭，这其实是女人的一种撒娇方式。知道对方不可能莫名其妙地放弃自己，所以时不时祭出这道杀手锏来要挟，目的无非是获得更多的爱。

只可惜，大多数男人并不了解女人的撒娇心理，往往会经历"对恋人检讨，对爱情怀疑，对未来绝望"的心路历程。当他几经努力，发现自己仍旧无法让对方满意时，沮丧引发退却便在所难免。男人一旦决定了分手，绝不会是"狼来了"的戏言，他会反复衡量，思前想后，最后狠心斩断情路，那时候慌张的女人再想补救，为时已晚。

女人整天把分手挂在嘴边，是因为知道肯定不会分手；男人很少说分手，是因为知道一旦说出来，就再也无法挽回。如果不了解其中的道理，随意说出分手，这缘分也就走到了尽头。

失恋七日法则

　　书上说，失恋当然很痛苦，但最痛苦的莫过于前七日。如果能够顺利地熬过该敏感期，那以后的日子就算还有伤痛，也能捱得过去了。

　　至于方法，无非是安排好你的业余生活，多跟朋友出去玩玩，独处的时候翻翻书，看看电影，强制自己把那个曾一度与己息息相关的人踢出世界之外，等待心绪平复之后的云淡风轻。

　　失恋总是痛苦的。当与一个人的相处变成一种习惯后，很多人有明显的依赖和惰性。但是对方未必如你这般情长，失恋的原因有很多种，归结起来就是：他不爱你了，甚至已经到了无法跟你每天见面的程度。

　　这情形当然令人难以接受，可现实就是如此——但凡还能够忍受你一点，他都不会跟你分手。

通常情况下，善良的男人不会拿分手当手段，借机向你索要更多的付出。男人一旦决定跟你分手，一定是内心挣扎良久才做出的决定。不得不说，男人对待感情，比女人更有责任感一些，尽管某天他可能再不愿意为你负责任了。

不爱就是不爱了，何必去揣测为什么？纵然有天大的难过，也不过是七天的事情而已。很多男人选择失踪，估计也是看过了那篇文章。

七日之后，怨恨会让你们变成最熟悉的陌生人，又或者可以虚伪地宣称"再见面还是朋友"。在我看来，还是老死不相往来的好。毕竟曾经是息息相关的两个人，突然改变了关系，他那边终会传来新欢浮出水面的消息，到时候难受的还是你。

假以时日，也许有一天他会突然想起你的某点好，掉几滴眼泪，这也就算是一场感情中你唯一的价值了。

要么拿出一辈子在一起，要么无怨无悔只互相陪伴走一程，无论怎样，请你别绊住彼此的脚步。其实，在交往伊始便基本能看出来一些端倪，远离那些玩爱者，远离那些心智不成熟的小男孩，远离那些享乐派，远离那些博爱者，远离那些谎话大王！

你以为离开很艰难，其实很简单，只要熬过七天。

与其被别人费劲甩开，不如令他经常想念，经常掉眼泪，经常念叨，新人会因嫉妒而折磨他的。

你做你的天使，坏事让新人做，受折磨的是他，两全其美。

终于等到了分手的决定

当所有的情侣发现对方不适合自己的时候，大概都会选择分手吧。

但有的人却不会以直接明朗的方式结束恋爱，而是以实际的行动暗示，咱们彼此不合适，直到对方提出分手，然后心安理得、不带一丝留恋地将这段感情画上句号。

很多人疑惑，为什么他最近变了，或者说为什么他突然不一样了？其实，改变只是一个符号，是即将拉开分手序幕的前兆，如果自己还懵懂不知，就很可能会忍受长时间的折磨。

不主动分手的人大多沉默寡言，心机很重，不愿意担责任，却喜欢扮好人。

一旦打算分手，他们往往会突然忙起来，或者开始挑三挑四，仿佛要把你放在显微镜下研究，你的每根发丝都沾染着错误的信息。如果你不了解他的意图，或者自信他不会厌倦这份感情，那就很可能会因为他的突然改变而大发雷霆——他的目的达到了，沿着台阶，迎着东风，顺利撤出你们的关系。

"分手并不是我的错，是你说要分手的。"他说得理直气壮，无辜而委屈，反而让你如鲠在喉，难吐难咽。

明明是他在挑衅，可是说出分手的却是自己——你已经不知不觉上了他的套，一步步按照他所希望的方向走去，你越失控他越高兴。混蛋掌控住了局面，反而让你自取其辱。

爱上这样的男人实在是可惜，也许初始时他那谨慎的外表吸引了你，让你误以为这样敦厚的男人靠得住。实际上，相比起那些好聚好散的坦荡之士，他们更令人不耻。

众所周知，在爱情里先退出的一方会受到谴责、质问、唾弃甚至诅咒。爱情不在了，大家没什么情面要讲，于是狰狞常常出没。之所以让对方提出分手，无非是要逃避责任，甚至还能避免被对方索要爱情信物等不必要的麻烦。

这种男人深谙此道，所以为了避免麻烦，就要把分手的话留给对方去说，自己要做的，不过就是激怒对方而已，简单、便捷、舒适而且环保，何乐而不为？

当身边的爱侣突然间仿佛变了一个人，别怀疑，除非你爱上的是变身狂，否则大概就可以判断出，他其实已经萌生了分手或者离开的念头了，之所以还没有什么实质性的动作，只是因为还没等到你吼出分手的决定。

分手没有理由

很多人失恋后总是苦苦纠结分手的理由：他为什么会跟我分手？明明没有第三者，是不是我不够好？脸蛋不漂亮？身材不火辣？还是不乖巧伶俐善解人意？

很遗憾，分手就是分手，根本就没有什么特别的解释，非要一个理由的话——他不爱你了！

听上去挺残忍的，但如果不这样决绝地道出原委，你一定还会去纠结一些不重要的东西，不肯相信是他变了心，还在拼命检讨自己，认为是你的缺点导致了爱情的失败。

他爱你的时候，你所有的缺陷都可能令他着迷；他不爱了，即使你有一百万个优点，他也会视而不见。已经不打算再继续下去，所以你的好与坏，与他没什么干系。

如果你不追问，他会让这段感情慢慢冷却下来，仿佛什么都没发生过；如果你执意要个答案，当事人则会顾左右而言他，找出一些莫名其妙的解释，比如说工作忙、性格不合、家人反对……目的只是想让你死心。因为他很清楚，分手不是你的错，是他自己的问题。他可能也不清楚究竟为什么不爱你了，所以才会一直逃避，怕你继续追问下去。

当然，你心里一直放不下他，所以才会很难洒脱地放手，更不愿意相信他不爱你了这个事实。正因为如此，潜意识里的自卑才跑出来作祟，左右分析都觉得是自己外表令他失望。其实外貌这件事，在爱情里面实在是微不足道，你看看满大街的情侣，有几对是偶像剧里的俊男靓女组合呢？

爱情不是帅哥美女的特权，它属于任何一个人。平凡也好，卓越也罢，大家都会找到适合自己的恋爱对象，真正能够让恋情持续发展的是人格魅力。与其考虑外在的不足，不如检讨一下自己的性格，是否是造成这场关系结束的关键因素。

他不爱你并不表示你不优秀，希望那些每天沉浸在失恋苦海里的人，能够快速地从误区中走出来。每个人都在追求令自己愉快的恋爱，或许和你在一起，他已经找不到这种怦然心动的感觉了。

放下已经远去的感情，忘记早已经不爱你的人，才能够获得心灵上的自由。毕竟，爱是不能勉强的事情，非要一个分手的理由，实在是得不偿失。

决绝

决绝这样的事情，从来都是男人才能做出来的。

当然，女人也可以决绝，但那不过是一种姿态——爱可以不在，尊严一定要存在。

爱到破碎边缘，女人开始说恨，恨不能杀掉你一把烧成灰。男人往往选择沉默，都是你的错，是你爱上我，那我们不如分离吧。

女人说分离，往往都是狠话，真正的分离哪里需要反复重申？可男人往往不懂。

男人几乎从来不说分离，一旦下了决心，纵然你流万条江河的泪水，也是无济于事。

决绝的时候，女人通常是逼着自己狠心，他对不起我，他忽视我，他不再爱我，那么唯一能给自己找到尊严的途径就是分手。若那男人开始挽救，女人通常会心软，那一刻，她的恨便在

200

那些柔声细语中慢慢稀释，变淡变薄，变得毫不重要，脑子里满是往日他的好。男人则不同，不爱就是不爱，情感会迅速降温，言语会日益寡淡，心不在焉，甚至毫不耐烦。他们衡量的，不是曾经的好坏，而是未来的安排。你很好，你很美，可是我们没有未来，于是，男人这种讲求实际的动物便不再耗费太多的体力去哄你开心，跟你甜蜜。

张爱玲决绝过，她说，你不必再来找我了，你的信我必也是不会再看的了，我不再喜欢你了，因为你先不喜欢我了。

世间所有如张爱玲一样有颗玲珑心的女子，都会无比敏感。她们生活在高处，一直被仰视，唯有爱能令她们偶然降临人间。在她们期待的爱里，男人是多么高大而完美的角色，可遭遇的偏偏是一些肉眼凡胎的家伙，爱得轻率而肤浅。失望久了，心也蒙了尘，只是当年相爱的尘埃是因为欢喜，而最后的灰尘却是他狠狠的赐予。

听过太多痴心女子负心汉的故事，男人一旦无情起来，比任何利器都伤人。他不再爱你，于是可以将你变卖，可以对你置之不理，可以将你一刀捅死。都不爱了，还纠缠什么爱恨情愁呢，一了百了，长痛不如短痛。

有些男人甚为聪明，明明是自己不想继续这份情感，偏偏激着对方决绝，心安理得地做出哀痛的姿态，还振振有词道：希望你能找到更好的归属。真爱是什么？是任凭风雨袭来不离不弃，是明知有更好的选择，也不愿意放开相牵的手！

在这个情感贬值的年代，总是有那么多的选择项，这个不行咱换那个，纠着爱恨不放的女子，是不是理应受到嘲笑？

能对你决绝的男人，必定是不爱你了，苦苦哀求来的，不过是不屑一顾之余的怜悯。爱不在了，还是保持自尊吧。对于他来说，爱不过是早已知道前因后果的游戏。

不说再见

结束一段感情的时候，应该如何说再见？

但凡爱过的男女，都会很缜密地分析出爱情灭顶的征兆，何必一定要生生地说出"再见"两个字？

总有什么事，需要做一些了断吧。之所以想了断，还是抱着最后的希望——或许他并不是有意疏离，不过是真的太忙……

没有人不忙，除非他是厮混于世。但是只要他愿意，即使日理万机也会捎来一句问候。

遥想爱浓时节，他不是一样地劳碌？那些忙里偷闲的云中锦书和若干电话，渗透甜蜜，心意明了，郎情深，妹情浓。没错，时间像海绵里的水，看他愿意不愿意为你而挤。

爱情伊始，男人说得天花乱坠，追得锲而不舍，一旦爱情成为现实，就散漫下来，直至不闻不问。反正爱已成定局，何必花那么多时间和心血给到手的猎物？爱情好烦，厌倦不如放弃，反正世界上还有那么多的女人。

女人则不同，开始的时候端着架子，皱着眉头，一定要看个清清楚楚明明白白真真切切，一点委屈都受不得。左右思量之后，终于决定爱他，那一股永世不负的热情便这么铺天盖地而来，坐立不安，寝食紊乱，牵肠挂肚。没有女人跳得出这约定俗成的圈套，高高地坐在云端俯视爱情——除非你不是真的在爱。

当他殷勤不再，千万不要紧张，不再也就不再了吧，何必非要追问不再的理由？爱情如高手过招，谁先动心，谁就满盘皆输。他要是真的爱恋着你，就不会让你受一点委屈，也不会让你有一刻寂寞。如果他开始令你抓狂，请明确接受事实——他不再爱你。

说再见要趁早，人的青春与纯情无多，千万不要为不爱你的人浪费感情。当你爱过几次之后，会发现心底那份不计得失、甘愿为他生死不渝的心思，已经越来越少，所以请把所有纯正的爱，都留给那个可以为你不忙的男人吧。

见到危险的信号及时撤离，不要纠结于没来得及说再见。做一个聪明的女子吧，或许还会留给那个没心肝的男人一些遗憾的记忆，至少在他的内心，是不敢轻贱你的。

爱得多了，也就开始彻悟，若还是想说再见，请继续经历，直到能够平静对待别离。

不提薄情人名姓

分手后，有的人喜欢不断地总结回忆，对方的名字仍不离口，甚至过了几个月、几年，还是不能释怀。

我很少在公开场合谈起自己的感情，也不喜欢别人问起这些。总觉得一旦分手后，他便再与我没关系，至于那些曾经的往昔又是属于我们俩的秘密，不喜欢旁观者知道。

不是没有怨恨，也不是完全忘记了对方，只是不再提了。任凭爱恨情仇惊天波澜，只要止口，一切也就都过去了。

时光总是无敌，很快自己就会发现，那不过是个擦肩而过的路人甲。他是谁啊，我怎么竟然对他产生了长久的幻想？真是后怕！

每次分手，都如同死过一回。至于分手的理由，除了当事人之外，却鲜有人知道。一方面，觉得重提往事那种崩裂实在难以忍受；另一方面，既然已各分东西，明天不再有关系，最受不了舍不得分手，又注定不能在一起的状态，那是炼狱一样的煎熬。

我不喜欢忍耐，每当感情中出现一些瑕疵的时候我都会打退堂鼓。以前总觉得，下一个会更好；现在则认为，跟谁都一样。尺有所短，寸有所长，总是不尽如人意，不如一个人生活来得悠闲自在。

也是奇怪得很，那几个分手后的人，几乎没有再遇到过。不知道他们现在过得好不好，应该会很不错吧，离开我后，他们都应该会过上比较正常的生活，不管恋爱还是其他。

归根结底，还是性格使然，以至于在恋爱时节自己不愉快，搞得别人也很拧巴。爱着爱着就开始崩溃，不觉得谁有魔力能令我改变。我不改变，也不希望别人改变，所以走到最后，只能是分手。

即使当面将他诅咒个半死，分手后也不要再提他了。我还是相信，但凡有一点情分和留恋也不会真的分手，既然已经分了，就说明情分已尽相强无益，还是干脆忘了吧。他的好，他的坏，他的情深意长，他的狗肺狼心，都交付给流光去抛洒。不断重提，除了表示你终不能忘情之外，就是处处提醒着你的失败。

总觉得，对薄情人最大的惩罚，就是明明白白地漠视，而不是喋喋不休地抱怨——你是……哪位……我不记得自己认识你啊？远远胜过几十年后见了他还会眼睛喷火义愤填膺：我永远不会原谅你！

不原谅代表你一直记挂着他，难道不是可怜和可笑的吗？

背叛

你怎么可以在我爱着你的时候，突然停滞不前，还爱上了别人？

相信大部分女人看到"背叛"二字都会抑制不住要抓狂。

背叛这个词，差不多是为男人发明的。小时候他们尚不知爱情为何物，一旦青春萌动，眼前豁然开朗，满世界都是奇花异草，于是满心欢喜地开始了漫长的感情旅途。他们很容易被女人吸引，然后展开去势凶猛的追求，一旦攻克某座城堡，浓情蜜意便开始减少，到最后甚至冷淡起来。而女人正相反，遇到追求的时候，往往都是无法定夺，最后冰山慢慢被融化，汇流成幸福的港湾。

遗憾的是，幸福的港湾往往会变成渔人码头，等你欢腾奔流而来的时候，他早就追逐到其他的湖、海、洋、溪去了，谁还管你这摊浑水？

值得深思的是，背叛竟可随时随地发生，不受任何地域、环境、状况所限制——结婚的可以瞒天过海搞婚外情，谈恋爱的可以明目张胆变心。是啊，信息时代，登录网络就意味着会有艳遇扑面而来，谁还会死心塌地守护一份尚不确定未来的爱情？无论你是绝色美艳，还是绝顶聪明，在感情面前，人神平等。

如果参考林凤娇的豁达宽宥，大部分女人或许可以接受那个令人气恼的事实。她的男人在全世界人的面前背叛了她，但她多年如一日默默无闻地承受一切，并且一心一意将房祖名抚养长大。是啊，既然所有感情都会遭遇背叛，那不如就守住一份好了，毕竟那个坏蛋还算顺眼点儿。

可是，我们一定要这样忍辱负重吗？一定要奉林凤娇为榜样吗？

她似乎什么都得到了，名分、地位、金钱，但是她失去的，是最心爱男人的忠诚。尽管他玩累了就会回来，说一句"倦鸟总有归巢时"，可她心底所有的爱只怕已随着时间磨光了，剩下的，只是习以为常的亲情。少年夫妻老来伴，或许是最好的结局吧，至少他能给她安逸富足的生活，比起那些在爱里拼杀流浪的悲壮女人来说，她仍是幸福的。

能找到任凭背叛而从不埋怨的女人，男人总不免心头窃喜。事实上，在她而言那已经不再是爱，不过是付出的惯性使然，所以从容，所以宽容，所以平和。

第十章

就算现在也感慨

我们都在路上

　　我是个早熟的孩子，十岁的时候就幻想二十岁的样子，二十五岁之前从来不肯面对自己真实的年龄，仿佛将自己虚上三两岁，才能满足幻想中的姿态。如果旁人不加以怀疑，还会偷偷地窃喜。

　　我不贪恋年轻，我渴望长大，长大就意味着自由、浪漫、独立和精彩。于是，我的少年几乎是一片空白。

　　相信很多人同我一样，从来没有满意过目前的生活，总以为未来会很好。因为有足够的时间去编造一些令自己兴奋的憧憬，仿佛梦想已经在某天的某个站点，自动停到身边。

　　很多年过去之后，当梦想渐渐地褪下外衣，成熟缓缓站在我们面前，它跟我们想象的都不一样——啊，它为何如此难看？

　　有梦总是好的，而梦想大多只存在于特定的年代。事实上，无论秉持什么样的心态，这一路，都是要自己走过来，风雨兼程无从逃避。

十六岁的时候，容易怀疑自己不够鲜艳漂亮，在汹涌的人海中，为什么自己总是灰突突的那一簇？偏偏喜欢上校园里拉风的男生，喜欢找到被感动的感觉，在自己的空间里努力地喜欢着别人。当然知道这不过是泡影一场，他终究要离开，从视线到心灵，到你根本不可能知道的地方去。他有他的人生，你有你的旅程，他与你遇见，不过是为了成就这青涩岁月中最美好的情感。

二十岁的时候，开始发现自己非常纯美，偶尔的自卑逐渐变成强大的自信，谁都占据不了你骄傲的灵魂，谁都无法承担你丰厚的情感。你敢向所有人宣布你不需要爱情，你的天空是蓝色的，你的草地是绿色的，你的歌喉无比醉人，你便是全世界。

二十五岁的时候，逐渐认同这世界真真假假，友情可能只是陪伴，爱情则变得可遇不可求。为他流过太多泪，为他荒废过太多光阴，开始相信宿命和玄理，或者只有在自己不了解的领域里，才可以找到缘分。

然后，真的长大了，知道什么样的爱情是你需要的，越来越多地留恋起过去的时光，愿意再为某个人着迷，但是绝不会允许自己再流泪。

明白了成长的真正含义，再也不对未来过于憧憬，对过去过于挑剔。我们都是善良的孩子，急于去寻找一条不平凡的道路，后来才发现，原来大家都不约而同地回归了主流之途。初恋和热恋，错过与分手，终于收获安宁，这是每个女生成长的必经之路。

　　这条路究竟通往幸福还是哀伤？答案是一盒猜不出口味的巧克力。那就欣然去经历吧，因为身边有和你一样的我或者她，我们仍旧勇敢而坚强。

爱上了梦想，才有了失望

为什么总在爱深浓时，才发现其实与理想中的爱情还相隔一墙？

努力地爱，却依然在爱情里面妥协：为爱放低自己，为爱收敛脾气，为爱学会做家务，为爱放弃一些爱好……他盼望的，样样修炼；他厌恶的，统统远离。还需要怎么去爱，才可以获得自己所期待的爱情？

这场恋爱真不轻松。等他在雨中，为他受苦，记得每一个节日，疼他爱他呵护他，简直找不出一丝偏误。这样的恋爱，难道还有差错？究竟错在哪里？

女人都曾犯过这样的错误，将爱情想得太重太完美，所以与爱邂逅之时，才兴奋得手舞足蹈。慢慢却发现，原来理想的泡泡漂不过现实的汪洋大海。梦想，只在灵魂的最高处唱歌。而她们是为爱生就的敏感天使，来到这个世界上，纠葛着宿命的轮回，备受折磨。

曾经爱上过罗马。以为总有一天，会和最爱的人漫步在罗马的宽阔大道，挽着他的胳膊轻轻叹息，身后是白鸽飞扬起的华美。在那一刻执手微笑或悲伤，以为那才是真正的爱情。

曾经沉迷于唐诗宋词的凄美。在别人的爱情里流着泪祝福，期待执子之手，与子偕老。等待一个浪子，亲口告诉他，月黑风高的夜晚，宽衣长剑浪迹天涯。

可是，大家都是平凡的女子，都揣着满满的向往，爱上某个凡人，从此将积蓄的情感统统倾注。无辜的他，平白卷入一场预设的经典中，要每时每刻配合我们起伏的情绪，做我们光彩夺目的对手，一步一步都演得那么精彩。

对爱情充满幻想，无边无际。把自己幻想成困在城堡里的天使，而他就是身佩宝剑骑着高头大马的王子。他必须勇敢地战胜险恶，步步接近，讲出爱的誓言，并邀请我们在水晶灯下共舞。这样的梦想可以变化背景，变换人物身份，但是大抵如此，落难偏逢佳公子，高山流水遇知音，为什么一直这样地苛求爱情？

可是我们还是忍不住要恋爱，一次次失望，一次次寻觅。我们有那么饱满的热情，怎么可以不恋爱呢？孜孜不倦地爱上，再伤心分别，不休不止地轮回着，明明白白地错过了韶光。

恋爱的经验越积攒，越会发觉离先前设定的美好相距甚远。于是以为自己看破了爱情，看破了红尘，不约而同地憔悴起来，对坐在一起数落新伤旧痕，拼命地在纠缠的细节里找出一丝疏漏，感动别人，感动自己，自欺欺人。

当然，失望也要死撑，至少维持了菲薄的尊严。明明这场恋爱谈得无比失败，淡如开水，甚至已经可以不想不念，还是坚持不肯放手，强迫自己品尝爱的苦酒。

爱情，可以云淡风轻，只要在长途跋涉的时候有一句共患难的承诺；爱情，可以激荡不已，只要在洪水来临的时候有一双握紧的手；爱情，更可以是相互陪伴，莫失莫忘不离不弃！世间溜溜的男女花团锦簇，每一对组合都有不同的形状、不同的味道，何必因为别人开得灿烂，便苛求自己一样明艳呢？其实我们也可以暗香浮动，不是吗？

我们都曾经接近爱情的本质，都又被自己轻易舍弃了。太容易放手的人，喜怒哀乐的外表下面，藏着一颗无比敏感的心。太累了，因为我们永远在用虚无的东西束缚着自己，否定着自己。

有过类似感触吗？你那么爱他，却总与幸福相距一步之遥。其实，只要这段感情曾经温暖过你的寒冷，关照过你的孤独，能够令你想起来的时候感动，陪着你度过了一段年华，也就足够了。毕竟，不完美的爱情也是爱情，我们只能在不断成长的岁月里学会感恩，学会满足，学会珍存。

勇敢摒弃曾经的那些梦想，简单地恋爱吧。不要随便怀疑，不要患得患失，不要忧心忡忡，你会发现自己其实很幸福，很快乐。

男人不坏，女人不爱

男人不坏，女人不爱。这句话并不是凭空而来的，事实上，"坏"男人的确比"好"男人受欢迎。

通常情况下，"坏男人"有幽默感，当女人不开心的时候，他会想办法逗她凤颜大悦；当女人过生日或者情人节的时候，他会挖空心思玩些浪漫。他的这种"坏"并不是说品行不端、人格恶劣，而是不按常理出牌，骨子里带着一点点叛逆。但这种举动往往能实现意外的效果，因而深受广大女性青睐。

女人喜欢那种"坏坏"的男人，一个身心灵活、有自我主张的人。守规则当然是好的，但是久而久之就很可能让人觉得乏味，发乎于情止乎于礼的中庸之道会被理解为墨守成规。模式化的生活容易让人感到疲倦，因为再美的花都会有看厌的季节，再甜蜜的生活也会有过腻的时候。

在《痞子英雄》里面，周渝民摇身一变成为痞子警察。他邪邪的一面猎取无数芳心，随着电视剧的播出，乖乖仔的受欢迎程度大胜以前。坏并不等于邪恶，它是可以和正义共存的。没有谁规定警察就一定是不苟言笑的，活生生一个中年大叔形象。他们也有胡闹、孩子气的一面，而正是这种偶尔流露出来的稚气，可以大大地激发女人的母性，让她们从不爱变喜爱，再从喜爱发展为热爱。

憨厚老实不是过错，但若到了被女友称为木讷的程度，男人就得好好想想了。其实女人的要求并不高，未必是人生大起大落那般刺激，或许仅仅只是一些新鲜感。偶尔冒出来的、专属的小小创意，她们就会大大满足。如果生活总是重复一样的节奏，即使再有兴趣，次数多了，也会索然无味。

这道理和我们吃饭穿衣是一样的，每天吃同样的菜色，不管多美味，都会觉得腻味；每天穿同样的衣服，不管多好看，都会产生审美疲劳。

好男人们，请尽情开发你们的幽默感吧，偶尔无理取闹一次，会让女人觉得惊喜，而不是厌恶。

想念一个男生

　　总会有那么一天，你在忙碌而无聊的时刻，突然想念一个男生。

　　也许他是隔壁班的小 A，也许是你的邻居小 B，甚至可能是同班的小 C，最可怕的，也许是公车上遇到过、从来没有说过话的小 D……依此类推，总有那么一个男生，会在某天早晨的某一缕阳光里，射入你的心灵，从此变成只有自己知道的羞涩小秘密，那真是一种非常奇妙的感觉。

　　从那天起，你再也不是那个浑身轻松走路蹦蹦跳跳的小鹿了。因为想念一个男生，你长大了，突然意识到应该修正很多问题，比如说头发应该怎么梳，笑声应该有多大。因为想念一个男生，你突然敏感了——他会不会注意到我呢？我会不会很可笑呢？敏感的女生心里都住着一个人，那个人，便是那个早晨莫名其妙闯入你心里的人。

想念一个男生是一件很甜蜜的事，想到他走路的样子、说话的声音、笑容里透露出的信息，都能让你愉快一整天；想念一个男生又是一件很痛苦的事，除了在自己的小小世界里放纵想念，偷偷地享受这种快乐之外，只能在甜蜜的苦涩里感受来自心灵的折磨。

　　想念一个男生，会把他的名字在日记里重复上千百遍，会偷偷给他买昂贵但不敢送出的礼物，会在每个节日的前夕都幻想跟他在一起，甚至每当看到漫天烟火都会感动得落泪。

　　年轻的时候，我们都有不愿跟别人分享的秘密，那些不确定的感觉，对未来无法预知的恐惧。当你开始想念一个男生时，或许不在乎以后会怎样，可残酷的是，大部分人注定要在懵懂中失去最心爱的那个人。初恋已远，成熟的我们遇见了另外的人。

　　我在想念一个男生的年纪，遇到了少言寡语的他。因为这份沉默，我永远无法了解他有哪些爱好，喜欢何种音乐，爱看什么电影，我只能在无休止的猜测里，关注他的一切。为了看到他，我宁愿拖延回家吃饭的时间，像一只沉默的虫子跟在他身后。为了追逐他的习惯，我开始适应并最终爱上豆浆油条。是的，每天沉浸在这样无法言说的压抑和喜悦里，只为了应付心里的喜欢，我甚至已经不再是我，变成了一个别人的复制品。

　　直到很多年后，想起当年的痴傻都禁不住落泪，但是当时的我，以为拥有这样的感觉就是幸福。

　　不同的年纪体味相同的事物，感受却截然不同。当我们遇到了那个生命中最重要的人，就好好去享受这种感觉吧。因为在未来那么长的日子里，喜欢一个人的情怀不会再这样蒙眬，心动的感觉也会越来越少。当某天想起最初令我们怦然心动的人，那种微酸的甜蜜值得我们一辈子铭记。

我们要与众不同的芭比

如果把芭比定义为全世界男人和女人的梦想，想必大家不会反对。

为什么？当然因为她完美。女人喜欢她，因为她可以穿全世界最华丽的衣服，赢得所有人的目光。男人喜欢她，因为她有全世界最美丽的容颜，在满足任何虚荣的想象的同时，不会冷漠地将你拒之门外。没错，她是芭比，一出世就满足了我们的胃口，于是，她成为这个星球最流行最迷人的玩偶。

当然，也有女人态度鲜明地表示抗拒，她们不喜欢芭比——她不过是为一大批沙文意淫主义男士提供了一个绝妙无伦的性幻想对象，芭比丢了女人的脸！女权主义轰轰烈烈地进行了这么多年，女人要和男人一样拥有权利、地位和思想。可是芭比做了什么？她面带微笑地挺着毫无思想的胸脯，换着成千上万的衣服，最后轻而易举地博得男人的欢心。

芭比就是芭比，她是女人的象征，尤其是美女的象征。美女出现在这个世界上就是要受人注视、赞美和爱慕的。她不需要有理想，也不需要很多知识，她只需维持永远不变的容颜，穿上各式华丽衣服展现骄人身段。所以我们要打倒芭比，她太宽容，给一些坏男人树立了不健康的择偶参照。总会有男人想入非非：嗯，我要芭比那样漂亮、单纯又性感的女人，她可以不用独立工作，不需要有独立人格！

说到底，全世界的男人都是一样的想法，希望女人可以做附属品，他们惧怕女人会有一天超过了自己，比他们能干，不受他们的控制，那简直是一场噩梦！

近几年，芭比已经意识到了自己为女权主义所排斥，所以也应景地穿上了职业装，摇身一变成为英姿飒爽的职场丽人。我们要的芭比，有最新的生活理念，最健康的生活目标，还要会打扮自己，永远是全世界女人追随的时装模特；她还应该有一个男朋友，这个男人是世界上优点最多的男人，而且应该很快成为全世界男人奋斗的目标。哈哈，女人贪心起来，是比男人可怕得多的。

不过，爱芭比的男人不要气馁，也不要害怕女人会飞上天。不管时空怎么转变世界怎么改变，女人最需要的，永远是男人。

什么样的女人最诱惑

什么样的女人最诱惑？这个话题并不新鲜，争议一直不断。

虽说男人和女人的观点一向水火不容，但是对于这个问题却高度一致起来。当然说法不一样——男人称其为性感，女人则带着鄙视和嫉妒恶狠狠地啐一口："狐狸精样！"唉，男人个个没出息，看到女人嗲兮兮就忍不住上钩。

撇开男人的冤枉和无辜不谈，不得不承认，世上之所以会产生那么一批具有诱惑力的女人，完全是为了迎合男人易受勾引的事实。外国男人就坦承他们一致觉得舒淇美，理由是可以令人想入非非。

女人，因为有诱惑力而被冠以最美的称号。这个观点一出现，全世界男人本来羞于启齿的赞同声便一发不可收拾，洪水一样地奔腾而来。于是，本来连五官都不符合我们审美标准的女人，突然间由于男人的承认而美得光芒四射。而无可挑剔的美丽港姐李嘉欣，往往却叫好不叫座。男人们都觉得她正点，但是太过精致，少了一些别样的风情。这类女人只能做窗前明月，虽然她也很美。

归根结底，这世界始终还是男人做主，女人的身价永远靠男人来抬。

所以说，为什么要有诱惑力？还不是为了讨好男人！当然，这好处是显而易见的，从此一步登天，不再默默无闻，不必在烈日和暴雨下东奔西跑。怪不得现在满大街的美人都争相裸露，以示自己性感，欢迎投资。

裸露就是性感吗？这个误会恐怕来自舒淇成名之前的那些三级惨痛历史。她那样放荡，男人都喜欢，于是放荡成风，漫山遍野都开始效仿。岂不知，男人们所谓的诱惑力，恰好正是舒淇改邪归正之后的单纯可爱的样子。

张爱玲的名作《红玫瑰与白玫瑰》中，明明白白地展现给大家一个充满诱惑力的女人王娇蕊。她拥有成熟的外表和孩子一样单纯的头脑，又知道在适当的时候卖弄一些小小的风情，果然将振保的魂魄都勾了过去。

玛丽莲·梦露被誉为全世界最性感的女人，其经典姿态恰恰是那个掩裙动作。巧妙就在于这一掩，放荡中渗透出的纯情，加上热情似火的笑容……这样的女人，恐怕才是当之无愧的最有诱惑力的女人。

傻瓜与野丫头

　　但凡美好甜蜜到令人难以忘怀的爱情电影里，都有那么一个有点出位的野丫头，外加一个憨憨的傻瓜男人，所有的爱皆是在恶作剧中慢慢累积。终于，野丫头发现傻瓜不可多得，在几经周折之后，有情人成眷属，过上王子与公主的幸福生活。

　　从《东京爱情故事》里的赤名莉香开始，到风靡一时的《我的野蛮女友》中的"她"，每一个野丫头都会掀起一阵旋风。生活总是太平静，突然有这样质地单纯、个性突出的女子出现，哪怕只是在银幕上，也会让凡尘俗世这些隐忍的女子们大吐一口气。

　　当然，傻瓜一样的男人基本上是不可能存在的，即使存在，我们也没有那么好的命遇到，索性忍不住对那些被女人欺负的男人生出一些怜惜和心疼——如果是我，一定不会那么对他……

　　当然，你不是她，你敢当众掴男朋友耳光吗？你敢在男朋友的朋友面前放肆地搞东搞西吗？你敢肆无忌惮地拉着他满世界乱跑吗？除非你不爱他，否则断然生不出一丝一毫的洒脱。最完美的爱情，往往是男人先爱上女人，任女人折腾了一番之后，再爱上男人，而那个男人的爱仍然在原地守候。

当他爱你的时候，你凶悍任性是可爱，你随便发疯是个性，反正你就是最好的那个！爱你，宠你，甚至宠坏你，他心甘情愿一往无前。如果遇到这样的男人，令你有做野丫头的土壤，请千万别放弃他。

《我的野蛮女友》里，当牵牛对另外一个男人说起好男友的守则时，那一字一句都是爱着的证明。《十天恋爱有限期》里，那个搞怪的金发女郎，百般刁难之后，终于明白真爱就在眼前。没错，一个又一个的傻小子，鼓励着女人们的信心。做一个野丫头吧，有人宠，有人爱，女人的青春不过短短几年，过去了，也就只剩下回忆的份了！为什么一定去犯贱，一定要去为他风雨无阻，反而生生招人厌烦呢？

即使不小心将你的傻小子丢了，也没有关系。就像拼了命去维护爱情的赤名莉香，尽管败走天涯，但是当我们想起她仰起笑脸喊出完治的甜蜜，还是会为那段故事感动得流泪。结局未必是最重要的，恋爱的珍贵在于那令人怦然心动的过程。

世间完美的东西太少，除了在童话里，就是在传说中，所以，电视电影书籍还有音乐，一切一切可以传播希望的媒体，都充当了梦想国的载体。就让我们闭上警觉的眼睛，去沉浸在单纯的傻瓜与野丫头的快乐里吧，快乐总是令人感动的。

特别的女人最美丽

有一种女人，一开始不觉得美。经过世事历练之后，再回头看她们的时候，只觉得眼前一亮，惊艳异常。

就像三毛。

李敖曾经说过，三毛不是美丽的女人，她承担不了那么多美丽的传奇。

为此一句评论，这位素以嬉笑怒骂为己任的大作家竟被三毛的粉丝痛斥多年。在他们的心目中，三毛是无法替代的，是最美的女子。

多年之后，我也发现了三毛的美，包括三毛曾经极力推荐过的两个女人，一个是越来越像天使的齐豫，一个是越来越像埃及艳后的潘越云。

在 1985 年，她们三个曾经合作出过一张迄今为止华语歌坛上最文艺的专辑。因为三毛的加入，文学和音乐联姻，我们也看到了三个最华丽的女人。

那是二十多年前，齐豫和潘越云都烫了华丽的卷发，穿着很波西米亚的裙子，在一场一场惆怅里演绎着传奇女人的悲壮。从幼小的迷惑到恋爱的紧张，再到流浪的日子，最后是难以言说的生活。现在想起来，除了那两个女人，我国台湾再找不出任何人能够将她的沧桑和纯真演绎得如此淋漓尽致。

她们真的很美，尤其是多年以后再来审视她们，仍旧那样地丰满丰富，那样地风情无限。

后来觉得张艾嘉也美，当她终于蜕变成一位出色的导演，当她微笑着唱起：还记得年少时的梦吗？像一朵不凋零的花……那种经历岁月后沉淀的内涵，让她原本平淡的眉眼，多了无可抵挡的魅力。

我们又怎么可以忘记轻唱民歌的蔡琴？她真的很自信："我不但歌唱得很好，还很会讲故事。"当她坐在那里，用她浑厚的中音那样讲述人生的时候，我们不得不承认，那唇边的一颗痣，都流露着她饱满的美好。

在一个访谈节目里，某导演充满赞美地评价过丁薇："那个女孩子真的很特别，站在那里，不用很多的肢体语言，就能够令全场安静地听，这是音乐的魅力，也是她自己的魅力。"

丁薇的气质，有点偏文艺范儿，有点摇滚，却比之高贵。当她站在隆重的春晚舞台唱出"春天来了"的时候，所有人都忘记了她长发后面躲藏着的五官，只是感慨，这个女人真的很美。

包括风靡了多少年的王菲，也是一样的特别气质作祟，才会令她在简单的美丽之外有了一些无法解释的魅力，才会令人仰视。这一类的女人，天生隆重，是注定被很多人追逐和仰视的。

我国香港产生过很多美女，不过，我最喜欢的一个女人，是吴家丽。看过她出演的很多角色，都是风尘女子。一直觉得，女人身上带一点风尘味，是美不胜收的，尤其是自然流露出来的狂野，不会很乖，却那样无辜。

《非诚勿扰》里被大家公开赞美的舒淇，当年的亮相曾引起一片喧哗——她怎么可以那样丑？可是当我们看到《千禧曼波》里迷乱的女人，看到《玻璃樽》里那个乡下少女，看到那纯真与狂野巧妙地融合在一起的复合气质，我们开始慢慢宽容，开始发现，这样女子的美，难怪黄舒骏曾经唱过："老外告诉我台湾的女孩舒淇最美。"

漂亮可以是简单的五官协调，惊为天人；也可以是脂粉的功劳，艳若桃李。但有一种美丽，是岁月所赐，是经历给予，是什么样的财宝都换不来的。岁月也许给了这些女子很多坎坷和磨难，同时也留下了特别的气质给她们。又突然想起越来越美的张曼玉，奔走异乡，红尘颠簸，终于化成妖精，这样的女人，是连女人都会艳羡的——她真的很美！

爱情是有永恒可盼望的

当然有永恒的爱情，如果没有，我们兢兢业业，上下求索的是什么呢？

爱情可能发生在任何时候，当你看到一个人，心跳加速，头昏脑涨，站立不稳，说话都开始跑调的时候，爱情来了；当你跟某一个人交往了很久，每当看到对方的身影都会觉得安稳和愉快时，那就是爱情；当你孤独无奈，一个人暗暗抽泣，迎面是一张充满鼓励的脸，你感受到了无与伦比的温暖，这时候爱情也在靠近……

爱情是一种奇怪的东西，当它在的时候，你往往感觉被一种莫名其妙的魔力牵引着，给你带来无限疯狂的欲望，但是很快，爱情就换了别的频道。所以说，爱情似乎只有以悲剧收场，才会变成永恒。梁祝如果不是化了蝴蝶，谁会记得那种悲壮？白娘子如果不是被压在了塔下，谁会感慨真情可贵？戛然而止的爱情令人羡慕，接着往下走就只能是一如既往的平淡。

不过，生活中难道没有永恒的爱情存在吗？你一句笑语一声叹息，都会有一个人为你倾诉，你的辛苦你的甜蜜都会有人与你分享，爱情弥漫在生活中，变成了日常琐事 ABCDE，难道不是另外一种方式的永恒？正因如此，才出现了婚姻这件事。世世代代的爱人都在生命中写下了属于两个人的永恒。

爱情不可触摸，它只存在于我们心里，是一种灵魂的悸动，一种超越想象的追逐。只要心中有爱，即使不说出口，彼此也都懂得。所以，爱情是否永恒在于我们如何看待。分别多年的爱人，度过了大半的人生之后，老来相逢，发现爱竟然还在，然而只能带着悲欢回归各自的生活，成就另一种永恒。

如果你的心只愿为一个人绽放，像结婚誓言里所说，无论疾病、贫穷甚至死亡都不离不弃，这是一种多么美好的愿景！它会让我们躁动的灵魂得到一丝淡定，也会让脆弱的爱情在考验中有所依靠。

我们不要去羡慕或者怀疑传说的美好，悲剧中的爱情永恒于遗憾，现实里的爱情永恒于平淡。有了爱，我们互相扶持，互相体谅，互相尊重，有时也会记起一些遗憾的过往，但是眼前更值得珍惜。那就是我们所盼望的永恒能够带来的快乐吧！

不要总对爱情太过苛刻，爱情其实是一件非常艰难的事。需要多大的缘分，才可以成就两个人共同的梦想？永恒需要付出，而不是无止境地怀疑！